もくじ

Contents

JN060051

◤1▸ 多様性・共通性とその由来 p.14〜21　　月　　日　| 検印欄 |

◤B◢ 生物とは何だろうか？

すべての生物にみられる共通性とは何だろうか？考えてみよう。

考えてみよう

◤C◢ 生物にみられる共通性とは？

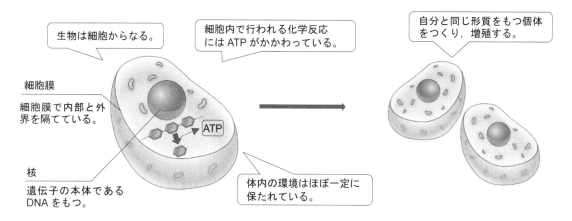

生物は細胞からなる。

細胞内で行われる化学反応には ATP がかかわっている。

自分と同じ形質をもつ個体をつくり，増殖する。

細胞膜
細胞膜で内部と外界を隔てている。

核
遺伝子の本体である DNA をもつ。

体内の環境はほぼ一定に保たれている。

ATP

- ・ 1_____からなる：細胞の最外層には細胞膜があり，内部と外界を隔てている。

- ・ 2_____をもつ：細胞内には，遺伝子の本体である DNA が存在している。

- ・ 3_____を利用する：エネルギーのやりとりには，すべての生物が ATP という
  物質を用いている。

- ・ 体内の 4_____を一定に保つ：多くの生物には外界の環境が変化しても，体内の環境
  をほぼ一定の状態に保とうとする働きがある。

●Memo●

◤ D ◢ なぜ生物には共通性がみられるのだろうか？

5_____：生物の形態や機能が，世代を重ねていく過程で変化していくこと。

6_____：生物がたどってきた進化の道筋。

7_____：系統関係を共通の祖先を起点として図に表したもの。

8_____
ホッキョクグマ
コウテイペンギン
サバクツノトカゲ
ジンベエザメ
オジロワシ
アマガエル
ユノハナガニ

ホッキョクグマ

9_____
シイタケ
酵母
アオカビ

シイタケ

10_____
イチョウ
ヒマワリ
バナナ
イヌワラビ
ゼニゴケ

ヒマワリ

その他の生物
コンブ
ボルボックス
ミドリムシ

コンブ

11_____
乳酸菌
納豆菌
大腸菌

5μm

大腸菌

共通の祖先

Q ▸ なぜ生物には共通性がみられるのだろうか？

すべての生物は，12_____の祖先から長い年月をかけて 13_____してきたため。

●Memo●

2 細胞　p.22〜28

月　　日

検印欄

◤ A ◢ 細胞はどのようなつくりをしているのか？

1＿＿＿＿＿＿＿＿＿＿：核をもつ細胞。

真核細胞からなる生物を 2＿＿＿＿＿＿＿＿＿という。

例）動物・植物・菌類

3＿＿＿＿＿＿＿＿＿＿：核をもたない細胞。

原核細胞からなる生物を 4＿＿＿＿＿＿＿＿＿という。

例）細菌

5＿＿＿＿＿＿＿＿＿＿：真核細胞の内部にある，特定の働きをもつ構造体。

真核細胞は核と 6＿＿＿＿＿＿＿＿からなり，細胞質のうち 7＿＿＿＿＿＿＿と細胞小器官を除いた

部分を 8＿＿＿＿＿＿＿＿＿という。

核
核膜
DNA
ミトコンドリア
細胞膜
細胞質基質

真核細胞
（動物細胞）

真核細胞 ┬ 9（　　　　　）
　　　　　│
　　　　　└ 細胞質 ┬ 10（　　　　　）
　　　　　　　　　　├ 細胞膜
　　　　　　　　　　└ 細胞質基質

●Memo●

5

◤ B ◢ 真核細胞はどんな構造をしているのだろうか？

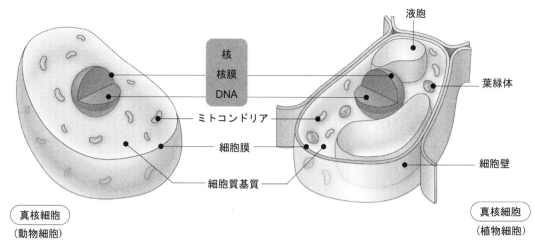

真核細胞（動物細胞）

真核細胞（植物細胞）

11＿＿＿＿＿＿＿：最外層に核膜がある。内部には染色液によく染まる 12＿＿＿＿＿＿＿＿がある。

12＿＿＿＿＿＿＿＿は遺伝子の本体である DNA とタンパク質からなる。

13＿＿＿＿＿＿＿＿＿＿：長さ数 μm の粒状または棒状の細胞小器官。核の DNA とは別に DNA をもつ。14＿＿＿＿＿＿＿が行われる。

15＿＿＿＿＿＿＿＿：直径 5〜10 μm の凸レンズ形の細胞小器官。核の DNA とは別に DNA をもつ。16＿＿＿＿＿＿＿＿が行われる。

17＿＿＿＿＿＿＿：成長した植物細胞で発達している。細胞内の水分量や物質の濃度の調節に関与している。

18＿＿＿＿＿＿＿＿：細胞質の最外層にある厚さ 5〜10nm の膜。

19＿＿＿＿＿＿＿＿：植物や菌類にみられる。20＿＿＿＿＿＿＿＿＿＿＿を主成分とし，植物体を支えている。

問 1 真核細胞の構造について，次のキーワードを用いて説明しなさい。

（DNA，核膜，ミトコンドリア）

●Memo●

◣ C ◢ 原核細胞はどんな構造をしているのだろうか？

・　一般に，細胞の大きさは真核細胞より 21＿＿＿＿＿＿＿＿＿＿。

・　DNA が 22＿＿＿＿＿＿＿＿＿＿中に存在しており，核膜に包まれていない。

・　ミトコンドリアや葉緑体などの複雑な 23＿＿＿＿＿＿＿＿＿＿が存在しない。

原核細胞

DNA
細胞膜
細胞壁
細胞質基質

| | 真核細胞 | | 原核細胞 |
	動物	植物	
核(核膜)	＋	＋	24 (　　　)
DNA	＋	＋	25 (　　　)
ミトコンドリア	＋	＋	26 (　　　)
葉緑体	－	＋	27 (　　　)
細胞膜	＋	＋	28 (　　　)
細胞壁	－	＋	29 (　　　)

問 2　原核細胞と真核細胞の違いについて，次のキーワードを用いて説明しなさい。

（核，DNA，細胞小器官）

>
>
>
>

◤Q◢　原核細胞はどんな構造をしているのだろうか？

・　一般に真核細胞より小さく，複雑な 30＿＿＿＿＿＿＿＿＿＿が存在しない。

・　DNA が 31＿＿＿＿＿＿＿＿＿中に存在し，32＿＿＿＿＿＿＿に包まれていない。

●Memo●

◤ D ◢ 細胞を構成するのはどのような物質だろうか？

細胞はタンパク質，DNA・RNA，炭水化物，脂質などから構成される。

33＿＿＿＿＿＿＿＿＿：細胞の構造をつくる基本物質。化学反応にかかわる酵素や，生体防御で働く抗体など。

34＿＿＿＿＿＿＿：遺伝子の本体であり，RNA はタンパク質の合成に関係する。

35＿＿＿＿＿＿＿・脂質：細胞のエネルギー源になるとともに，細胞構造の維持にも役立つ。

36 （　　　　　　　）18%
37 （　　　　　）5%
38 （　　　　　　　）2%
DNA・RNA 1%
無機塩類 1%
その他 3%

動物細胞
（真核細胞）
水
70%

39 （　　　　　　　）15%
40 （　　　　　　　）7%
41 （　　　　　）2%
脂質 2%
無機塩類 1%
その他 3%

大腸菌
（原核細胞）
水
70%

細胞を構成する物質（単位は質量%）

●Memo●

▰ E ▰ 細胞にはどのような違いがみられるだろうか？

◆単細胞生物と多細胞生物

42＿＿＿＿＿＿＿＿＿＿＿：１つの細胞で生命活動を行う生物。

例）大腸菌，ゾウリムシ，アメーバ

43＿＿＿＿＿＿＿＿＿＿＿：さまざまな種類の細胞から構成されている生物。それらのうち，同じ特徴をもつ細胞が集まり 44＿＿＿＿＿＿＿＿をつくる。さらに，いくつかの組織が集まり 45＿＿＿＿＿＿＿＿を形成する。

例）ヒト，タンポポ

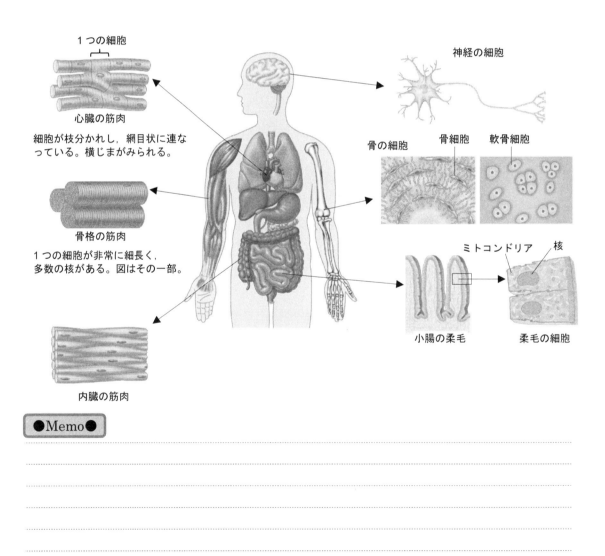

1つの細胞

心臓の筋肉
細胞が枝分かれし，網目状に連なっている。横じまがみられる。

骨格の筋肉
1つの細胞が非常に細長く，多数の核がある。図はその一部。

内臓の筋肉

神経の細胞

骨の細胞　骨細胞　軟骨細胞

ミトコンドリア　核

小腸の柔毛　　柔毛の細胞

●Memo●

1 生命活動とエネルギーの獲得 p.30～33 　月　　日 　検印欄

▶ A ◀ 生命活動になぜエネルギーが必要なのだろうか？

・ 生物は 1_____ を利用して生命活動を行っている。

・ ヒトは食物を摂取することでエネルギーを獲得しており，食物のおもな成分は，炭水化物，

脂質，タンパク質などの炭素を含む 2_____ である。

▶ B ◀ 生物はエネルギーをどのように獲得しているのか？

3_____：エネルギーを利用して単純な物質から複雑な物質を合成する反応。

例）光合成など

4_____：複雑な物質を単純な物質に分解してエネルギーを放出する反応。

例）呼吸など

5_____：生物体内での，同化と異化を合わせた物質とエネルギーのやりとり。

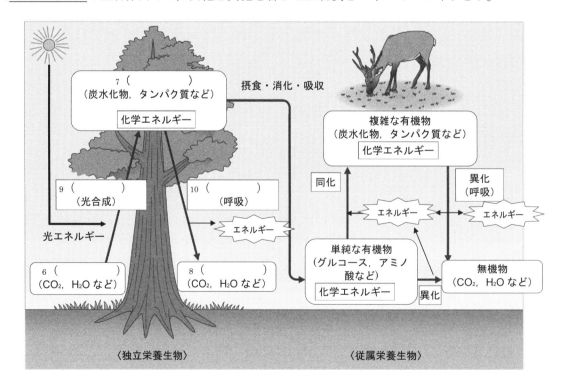

7（　　　　　）
（炭水化物，タンパク質など）
化学エネルギー

摂食・消化・吸収

複雑な有機物
（炭水化物，タンパク質など）
化学エネルギー

9（　　　　　）
（光合成）

10（　　　　　）
（呼吸）

同化

異化
（呼吸）

エネルギー

エネルギー

光エネルギー

エネルギー

単純な有機物
（グルコース，アミノ酸など）
化学エネルギー

6（　　　　　）
（CO_2，H_2O など）

8（　　　　　）
（CO_2，H_2O など）

異化

無機物
（CO_2，H_2O など）

〈独立栄養生物〉　　　　　〈従属栄養生物〉

問 **3** 同化と異化の反応について，次のキーワードを用いて説明しなさい。

（有機物，無機物，エネルギー）

```
```

◆独立栄養生物と従属栄養生物

11_____：自身で無機物から有機物をつくり，生命活動を維持する生物。

例）植物・藻類

12_____：自身で無機物から有機物を合成できず，13_____がつく

った有機物を摂取し，その有機物の 14_____によってエネルギーを獲得している生物。

例）動物・菌類

問 **4** 独立栄養生物と従属栄養生物について，次のキーワードを用いて説明しなさい。

（呼吸，光合成，無機物，有機物）

```
```

Q 　生物はエネルギーをどのように獲得しているのか？

・ 　15_____は，光合成などの 16_____によって有機物を合成し，

これを 17_____などの異化によって分解することでエネルギーを獲得する。

・ 　18_____は，独立栄養生物のつくった有機物を摂取し，これを

異化によって分解することでエネルギーを獲得する。

▶C◀ 獲得したエネルギーは生命活動にどのように利用される？

19_____：アデノシン三リン酸。代謝におけるエネルギーの吸収・放出の仲立ちをする物質。

20_____：リン酸どうしの結合。多くのエネルギーが蓄えられている。

→ATP の末端のリン酸が 1 つ切り離されて，21_____とリン酸に分解されるときに，多量のエネルギーが放出される。

高エネルギーリン酸結合

アデニン

リボース

23 （　　　　　　　）

22 （　　　　　　　　　）

24 （　　　　　　）

呼吸

エネルギー

26 （　　　　　　　　）

エネルギー

さまざまな生命活動

運動(筋収縮)　発電

物質の合成

25 （　　　　　　）

27 （　　　　　　　）

Q 獲得したエネルギーは生命活動にどのように利用される？

・　獲得したエネルギーは，28_____という物質に蓄えられる。

・　ATP の 29_____が切れて 30_____になる際に放出されるエネルギーが，生物の生命活動に利用される。

●Memo●

●Memo●

▶2 酵素と代謝　p.34~37

月　　日

検印欄

◢ A ◢ 体内で代謝はどのように進むのだろうか？

1＿＿＿＿＿＿：化学反応の際に，それ自体は変化せずに特定の反応を促進する物質。

2＿＿＿＿＿＿＿：酸化マンガンのような無機物の 3＿＿＿＿＿＿＿。

4＿＿＿＿＿＿：5＿＿＿＿＿＿＿＿＿のような触媒作用をもつタンパク質。6＿＿＿＿＿＿＿＿＿と

もよばれる。

水溶液中の過酸化水素（H_2O_2）は，酸素と水に分解される。

過酸化水素　→　　水　＋　　酸素
$(2H_2O_2)$　　　$(2H_2O)$　　(O_2)

《室温》　　　《触媒作用のない物質》　　　《無機触媒》　　　《酵素》

過酸化水素水　　　　　石英砂(石英の粉)　　　酸化マンガン(IV)　　　肝臓片

Ｑ　体内で代謝はどのように進むのだろうか？

触媒作用をもつタンパク質を 7＿＿＿＿＿＿という。体内で起こる化学反応は，
7＿＿＿＿＿＿によって促進される。

●Memo●

B 酵素にはどのような特徴があるのだろうか？

◆基質特異性

8＿＿＿＿＿＿＿＿：酵素が作用する特定の物質。

9＿＿＿＿＿＿＿＿＿＿＿＿：酵素が特定の基質にのみ作用する性質。

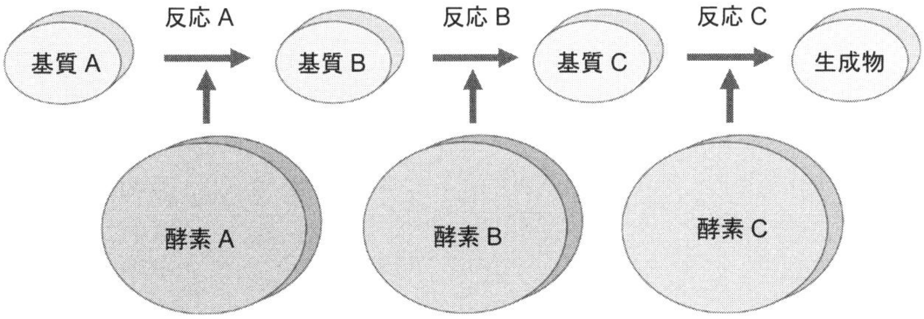

◆酵素の働く場所

・ 細胞内で行われる化学反応を促進する酵素。

例）細胞質基質やミトコンドリア，葉緑体に存在する酵素

・ 細胞外に分泌されて，細胞外で行われる化学反応を促進する酵素。

例）消化酵素

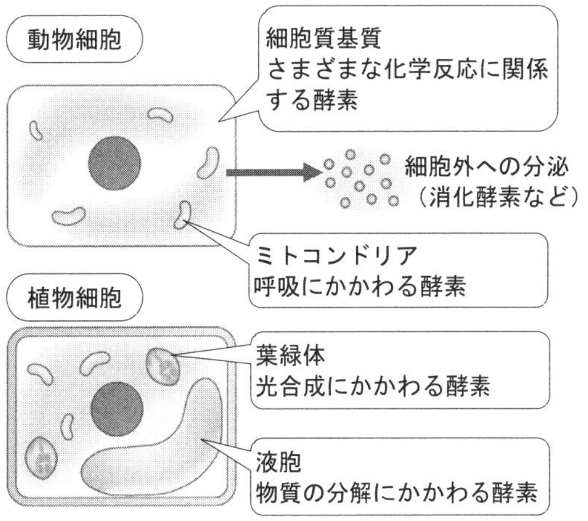

Q 酵素にはどのような特徴があるのだろうか

・ **酵素は特定の 10＿＿＿＿＿＿＿＿にのみ作用し，この性質を 11＿＿＿＿＿＿＿＿＿＿という。**

・ **酵素は反応の前後で変化 12＿＿＿＿＿＿＿＿ため，くり返し作用できる。**

問 5 酵素の特徴について，次のキーワードを用いて説明しなさい。（タンパク質，基質特異性）

3 光合成と呼吸 p.38〜44

月　　　日

検印欄

▶ A ◀ 光合成とはどのような反応なのだろうか？

1＿＿＿＿＿＿＿＿：生物が光エネルギーを用いて，無機物である二酸化炭素と水からデンプンなど

の有機物を合成する反応。この反応は，植物や藻類では 2＿＿＿＿＿＿＿で行われる。

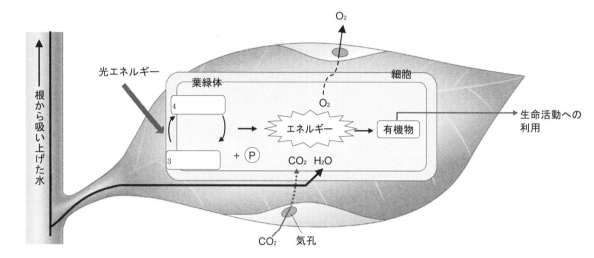

① 　太陽の光エネルギーを利用して 5＿＿＿＿＿＿＿が合成される。

② 　合成された 6＿＿＿＿＿＿を分解して得たエネルギーを利用して，7＿＿＿＿＿＿＿＿＿と

　　8＿＿＿＿＿＿を材料に，デンプンやスクロースなどの有機物を合成する。

《 光合成の反応 》

二酸化炭素 ＋ 　水　 ＋ 光エネルギー ⟶ 　有機物　 ＋ 　酸素

（CO_2）　　　（H_2O）　　　　　　　　　　　　（$C_6H_{12}O_6$）　（O_2）

問 6 　光合成の反応について，次のキーワードを用いて説明しなさい。

（有機物，ATP，光エネルギー）

●Memo●

◤ B ◢ 呼吸とはどのような反応なのだろうか?

9＿＿＿＿＿＿＿＿＿:生物が 10＿＿＿＿＿＿＿を用いて有機物を分解し,得られたエネルギーをもとに

11＿＿＿＿＿＿＿＿を合成する反応。この反応は,真核生物ではおもに 12＿＿＿＿＿＿＿＿＿＿＿＿＿で

行われる。

13＿＿＿＿＿＿＿＿＿＿:呼吸で分解される有機物。

① グルコースなどの有機物を, 14＿＿＿＿＿＿＿を用いて 15＿＿＿＿＿＿＿＿＿＿と 16＿＿＿＿＿に

分解する。

② 有機物の分解で得られたエネルギーを利用して, 17＿＿＿＿＿＿＿とリン酸から 18＿＿＿＿＿＿

を合成する。

《 呼吸の反応 》

有機物 ＋ 酸素 ⟶ 二酸化炭素 ＋ 水 ＋ エネルギー

$(C_6H_{12}O_6)$ (O_2) (CO_2) (H_2O) (ATP)

問 7 呼吸の反応について,次のキーワードを用いて説明しなさい。

(グルコース,ATP,ミトコンドリア)

●Memo●

◆呼吸と燃焼

19＿＿＿＿＿＿＿＿：グルコースは 20（ 急激 ・ 段階的 ）に分解される。化学エネルギーが徐々に放出され，放出された化学エネルギーの一部が，ATP 内に蓄えられる。

21＿＿＿＿＿＿＿＿：有機物であるグルコースが 22（ 急激 ・ 段階的 ）に分解される。化学エネルギーが熱や光として放出される。

◢ C ◣ 炭水化物以外の有機物も呼吸に使われるのか？

呼吸に使われる物質(呼吸基質)は，炭水化物，23＿＿＿＿＿＿＿＿，24＿＿＿＿＿＿＿＿＿＿＿などである。これらの成分は，からだを構成する成分としても使われる。

・　炭水化物：細胞壁や細胞の成分として使用される。

・　25＿＿＿＿＿＿＿：26＿＿＿＿＿＿＿やホルモンの成分として使用される。

・　27＿＿＿＿＿＿＿＿＿＿：酵素や抗体の成分として使用される。

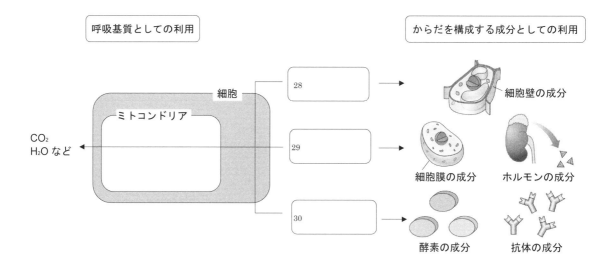

呼吸基質としての利用　　　　　　からだを構成する成分としての利用

細胞
ミトコンドリア
CO_2
H_2O など
28
細胞壁の成分
29
細胞膜の成分　ホルモンの成分
30
酵素の成分　抗体の成分

Q　炭水化物以外の有機物も呼吸に使われるのか？

炭水化物のほかに，31＿＿＿＿＿＿＿や 32＿＿＿＿＿＿＿＿＿も呼吸に使われる。これらの物質は呼吸基質となるだけでなく，からだを構成する成分としても使われる。

D 生命活動のエネルギーの源は？

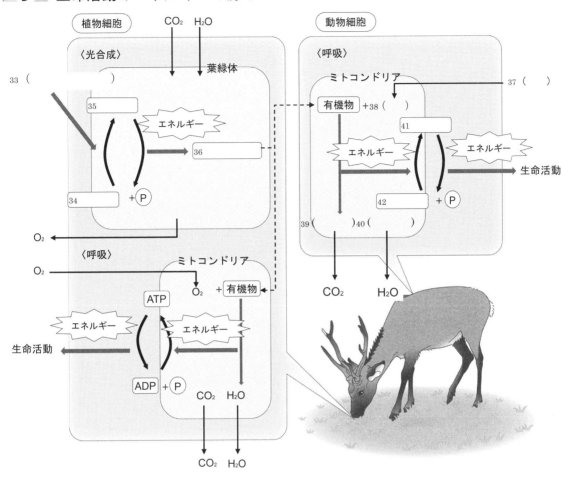

Q 生命活動のエネルギーの源は？

・ 従属栄養生物のエネルギーの源は，独立栄養生物である植物が合成した

  43＿＿＿＿＿＿＿＿である。

・ 独立栄養生物のエネルギーの源は，みずから合成した 44＿＿＿＿＿＿＿＿である。

・ 独立栄養生物は，太陽の 45＿＿＿＿＿＿＿＿＿＿を利用して有機物を合成する。

・ 生命活動のエネルギーの源は太陽の 46＿＿＿＿＿＿＿＿＿である。

●Memo●

1　遺伝子の本体　p.50〜53　　　　月　　日

検印欄

◤ A ◢ DNA は細胞内でどのように存在しているか？

1＿＿＿＿＿＿＿：遺伝情報を担う物質。染色体に含まれる。

2＿＿＿＿＿＿＿： DNA と 3＿＿＿＿＿＿＿＿からなり，4＿＿＿＿＿＿＿＿は DNA の保護
などの役割をはたす。

5＿＿＿＿＿＿＿＿：大きさや形が同じ染色体で，ヒトでは 6＿＿＿＿＿対ある。一方は母親（卵），
もう一方は父親（精子）に由来し，全体では 23 本が母親，残り 23 本が父親から受け継いだもの
である。46 本の染色体にはそれぞれ DNA が含まれる。

> **Q** DNA は細胞内でどのように存在しているか？
>
> ・ DNA は核内の 7＿＿＿＿＿＿に含まれる。染色体は DNA と 8＿＿＿＿＿＿
> 　からなる。
> ・ 大きさや形が同じ染色体を 9＿＿＿＿＿＿＿＿といい，ヒトの体細胞には 23
> 　対ある。46 本の染色体にはそれぞれ 10＿＿＿＿＿＿が含まれている。

◤ B ◢ ゲノムとは何だろうか？

11＿＿＿＿＿＿＿：1 つの生殖細胞に含まれる DNA すべての遺伝情報。ヒトの体細胞は 23 種類
×2 本の染色体をもつので，2 組の 12＿＿＿＿＿＿をもつ。

ヒト　　細胞　　　　　　　　　　染色体

母親由来の染色体　　13（　　　　　）

父親由来の染色体　　14（　　　　　）

DNA

◆◆◆Challenge◆◆◆〜遺伝子の本体はどのようにして解明されたのだろうか？〜

《グリフィスの実験（1928）》

肺炎の病原体である肺炎双球菌(肺炎連鎖球菌)には，2つの型がある。

型	莢膜	病原性
15 （　　　　　　　）	あり	あり
16 （　　　　　　　）	なし	なし

▶実験

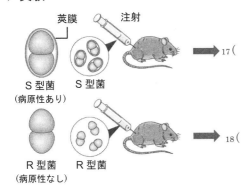

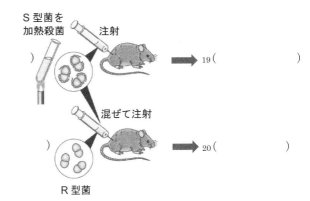

▶結果

・ 　加熱殺菌したS型菌に含まれる物質がR型菌にとり込まれ，R型菌の形質をS型菌の形質

　に変化させる，21＿＿＿＿＿＿＿＿という現象を発見した。

・ 　形質転換させる物質は 22＿＿＿＿＿＿＿であると考えられた。

●Memo●

《エイブリーらの実験(1944)》

▶**目的**：形質転換を利用して，遺伝子がどのような物質かを調べる。

▶**実験**

❶S 型菌の抽出液を R 型菌に混ぜて培養する。

❷S 型菌の抽出液をタンパク質分解酵素で処理後，R 型菌に混ぜて培養する。

❸S 型菌の抽出液を DNA 分解酵素で処理後，R 型菌に混ぜて培養する。

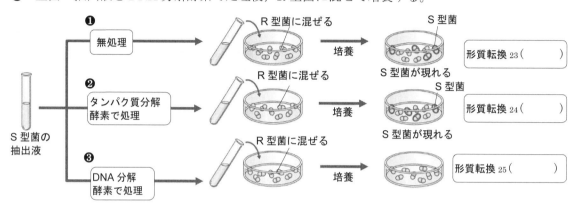

▶**結果**：形質転換を引き起こす物質は 26＿＿＿＿＿＿＿であると考えられた。

▶**課題**

(1)この実験を例に，糖が形質転換を起こす物質ではないことを証明する実験を考案してみよう。

(2)DNA 分解酵素を作用させると形質転換が起こらないことから，何がわかるか。

《ハーシーとチェイスの実験(1952)》

▶**目的**：形質転換を引き起こす遺伝子の本体が 27＿＿＿＿＿＿＿であることを示す。

▶**実験**

❶ T_2ファージ(以下ファージと略す)のタンパク質，DNA にそれぞれ目印をつける。

❷目印をつけたそれぞれのファージを，異なる大腸菌に感染させる。ファージを大腸菌の表面からはがすために，5分後にミキサーで撹拌する。

❸遠心分離をして大腸菌を沈殿させる。

❹上澄み，沈殿物について，それぞれどちらに目印が検出されるかを調べる。

❺上澄みを除去したあと，大腸菌からファージが生じることを確認する。

▶**結果**：❺で沈殿した大腸菌をしばらく置くと，大腸菌が破壊されて多数のファージが生じた。

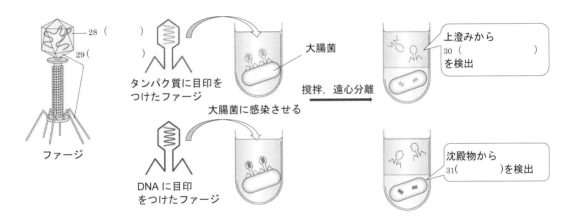

▶**課題**

(3) ❹の結果から，大腸菌内に入ったのはファージの DNA とタンパク質のどちらと考えられるか。またその理由を答えよ。

大腸菌内に入った物質：

理由：

2　DNA の構造　p.54〜57　　月　日

◤ A ◢　DNA の構造の特徴とは何だろうか？

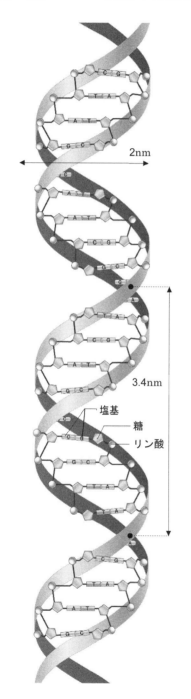

2nm

3.4nm

塩基
糖
リン酸

左の図より DNA の構造の特徴を考えてみよう。

考えてみよう

◆DNA の構成単位

DNA は 1＿＿＿＿＿＿＿＿＿＿＿，2＿＿＿＿＿＿＿，3＿＿＿＿＿＿＿＿が

1つずつ結合した 4＿＿＿＿＿＿＿＿＿＿＿が，規則的に

結合した物質である。

糖：デオキシリボース

塩基：5＿＿＿＿＿＿＿＿＿＿，6＿＿＿＿＿＿＿＿＿，

7＿＿＿＿＿＿＿＿＿＿＿，8＿＿＿＿＿＿＿＿＿の4種類

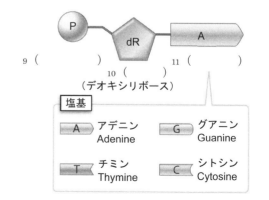

9（　　　　　　）　11（　　　　　　）
10（　　　　　　）
（デオキシリボース）

塩基		
A アデニン Adenine	G グアニン Guanine
T チミン Thymine	C シトシン Cytosine

●Memo●

◆二重らせん構造

・ それぞれのヌクレオチドは，12＿＿＿＿＿＿と

 13＿＿＿＿＿＿＿＿が交互に結合して長いヌク

 レオチド鎖をつくる。

・ DNA は向かい合った 2 本のヌクレオチド鎖

 が塩基部分で結合し，らせん状にねじれた

 14＿＿＿＿＿＿＿＿＿＿構造をとる。

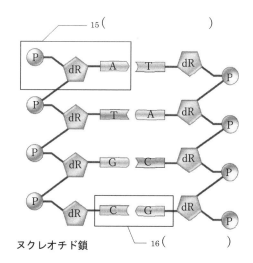

ヌクレオチド鎖

15（　　　　　　　　　　）

16（　　　　　　　　　　）

◆塩基の相補性

17＿＿＿＿＿＿＿＿＿：塩基が特定の塩基とのみ結合する性質。DNA の 2 本のヌクレオチド鎖を結び

つける塩基は，必ずアデニンと 18＿＿＿＿＿＿＿＿，19＿＿＿＿＿＿＿＿と 20＿＿＿＿＿＿＿＿＿の組

合せで結合する。

21＿＿＿＿＿＿＿＿：相補的に結合した 2 つの塩基。

22＿＿＿＿＿＿＿＿＿：1 本のヌクレオチド鎖において，4 種類のヌクレオチドが結合する順序を塩

基の種類で表現したもの。

問 **8** DNA の構造について，次のキーワードを用いて説明しなさい。

（塩基，相補性，二重らせん構造）

（解答欄）

Q DNA の構造の特徴とは何だろうか？

・ DNA は，23＿＿＿＿＿＿＿，24＿＿＿＿＿＿，25＿＿＿＿＿＿が結合した

 26＿＿＿＿＿＿＿＿＿からなる。

・ DNA の 2 本鎖は，アデニンと 27＿＿＿＿＿＿＿，28＿＿＿＿＿＿＿とシトシン

 が相補的に結合している。

●Memo●

3 DNA の複製と分配　p.58〜64　　月　日

◤ A ◢ 細胞分裂の意義は何だろうか？

・　多細胞生物を構成するすべての細胞は，1 個の受精卵が 1＿＿＿＿＿＿＿＿をくり返して生じたものである。

　　→すべての体細胞は基本的に受精卵とまったく同じ 2＿＿＿＿＿＿をもつ。

・　古い細胞と新しい細胞の入れかえのために，体細胞分裂は不可欠。

・　体細胞分裂の際には，新しい 2 つの細胞に，もとの細胞の遺伝情報を正確に伝えるために，DNA を正確に 3＿＿＿＿＿し，2 倍に増やす必要がある。

◤ B ◢ DNA はいつ複製され，どのように分配されるか？

4＿＿＿＿＿＿＿：細胞分裂が行われる期間。

5＿＿＿＿＿：細胞分裂が終了してから，次の細胞分裂が始まるまでの期間。

◆DNA の複製

・　DNA の複製は 6＿＿＿＿＿に行われる。

・　間期の細胞は，DNA 量の違いから 7＿＿＿＿＿(DNA 複製の準備をする時期)，8＿＿＿＿＿(DNA を複製する時期)，9＿＿＿＿＿(分裂の準備をする時期)に分けられる。

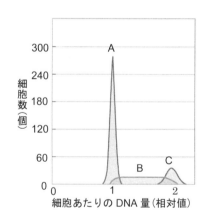

●Memo●

◆DNA の分配

複製された DNA は，10＿＿＿＿＿＿＿に 2 つの細胞に分配される。

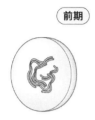

前期

中期

赤道面（細胞の中央の面）

後期

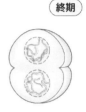

終期

糸状の染色体が凝縮し，
11（　　　　　）が消失
する。

染色体が赤道面に並ぶ。

各染色体が分離し，
両極（両端）に移動する。

核膜が現れ，染色体がもと
の状態に戻る。

Q 　DNA はいつ複製され，どのように分配されるか？

・　DNA の複製は 12＿＿＿＿＿＿の S 期に行われる。

・　複製された DNA は 13＿＿＿＿＿＿に 2 つの細胞に分配される。細胞分裂時には
染色体は棒状に変化するが，分裂が終わると糸状に戻る。

◤ **C** ◥ 細胞周期とは何だろうか？

細胞分裂を行う細胞では，間期と分裂期がくり返される。この周期のことを 14＿＿＿＿＿＿と
いう。

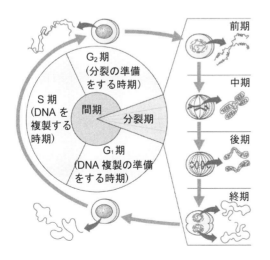

問 **9** 　細胞周期について，次のキーワードを用いて

説明しなさい。（分裂期，間期，複製）

◆細胞周期と DNA 量の変化

S 期を経た G_2 期の細胞の核内には，もとの 2 倍量の DNA が存在する。その後，細胞が 2 つに分裂すると，複製前の細胞の DNA 量と等しくなる。

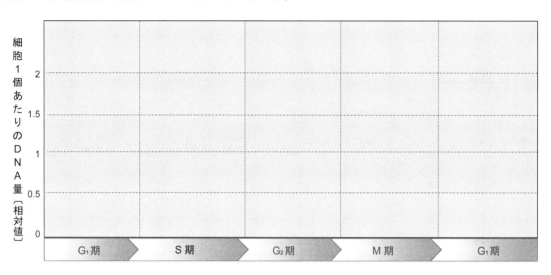

G_1 期：細胞が成長し，DNA を 15＿＿＿＿＿＿＿＿するための準備をする。

S 期：DNA が 16＿＿＿＿＿＿＿＿され，細胞内の DNA 量が 17＿＿＿＿＿＿倍になる。

G_2 期 18＿＿＿＿＿＿＿＿の準備を行う。

M 期：核分裂・細胞質分裂が起こる。

G_1 期：細胞が成長する。

Q 細胞周期とは何だろうか？

細胞分裂を行っている細胞が，間期と分裂期をくり返す周期のことを，

19＿＿＿＿＿＿＿＿＿という。

●Memo●

●Memo●

▶ D ◀ どうしたらまったく同じ DNA をつくることができるだろうか？

下図の (1)~(3)のうち，どの方法だと DNA が正確に複製できるか予想してみよう。

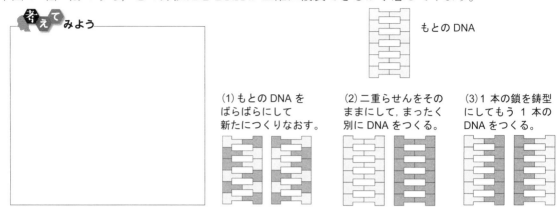

考えてみよう

もとの DNA

(1)もとの DNA を
ばらばらにして
新たにつくりなおす。

(2)二重らせんをその
ままにして，まったく
別に DNA をつくる。

(3)1 本の鎖を鋳型
にしてもう 1 本の
DNA をつくる。

20＿＿＿＿＿＿＿＿＿＿：複製後の DNA の 2 本鎖のうち，一方が新しく合成された鎖，もう一方

が鋳型となったもとの鎖となる複製方式。

① DNA の一部で 2 本鎖の 21＿＿＿＿＿＿＿の間の結合が切れ，部分的に 1 本ずつのヌクレオチ

ド鎖に分かれる。

② それぞれの鎖の各塩基に相補的な塩基をもつ 22＿＿＿＿＿＿＿＿＿＿＿が結合する。

③ 隣り合うヌクレオチドのリン酸と 23＿＿＿＿＿＿が結合して新しいヌクレオチド鎖が合成され

る。

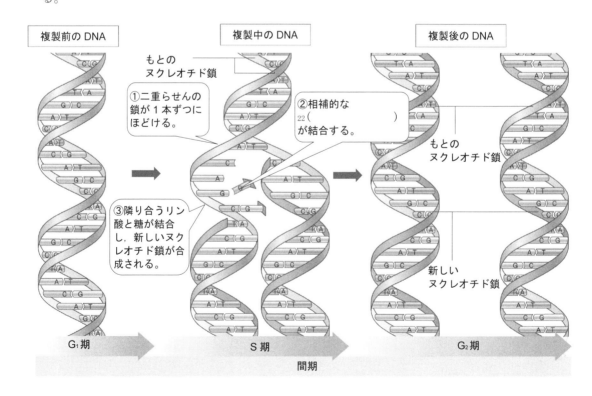

複製前の DNA

複製中の DNA

複製後の DNA

もとの
ヌクレオチド鎖

①二重らせんの
鎖が 1 本ずつに
ほどける。

②相補的な
22（　　　　　）
が結合する。

もとの
ヌクレオチド鎖

③隣り合うリン
酸と糖が結合
し，新しいヌク
レオチド鎖が合
成される。

新しい
ヌクレオチド鎖

G₁ 期

S 期

G₂ 期

間期

問 **10** DNA の複製方法について，次のキーワードを用いて説明しなさい。　（S 期，ヌクレオチド，相補的な塩基）

◆◆◆Challenge◆◆◆～DNA の複製のしくみを証明してみよう～

DNA の複製のしくみを実験的に確かめる手段の 1 つとして，放射性物質※で標識をつける方法がある。

❶分裂をくり返す細胞と放射性物質※で標識をつけたヌクレオチドを用意する。分裂をくり返す細胞が DNA を複製する時期に，新しい DNA を合成する材料として，標識したヌクレオチドを与える。

❷1 回目の複製後に，標識したヌクレオチドをとり込んだ DNA ができる。

❸2 回目の複製時には標識をしていない通常のヌクレオチドを与える。

❹3 回目の複製時も同様に，標識をしていない通常のヌクレオチドを材料として与える。

このとき，次のことを考えよ。

(1)　1 回目の複製後の DNA が Ⅰ～Ⅲのうちどのようになっていたら，半保存的複製を行っているといえるか。

※放射線を放出する物質

Ⅰ　　　　Ⅱ　　　　Ⅲ

放射性物質で標識した
ヌクレオチドをとり込
んだ DNA

(2)　3 回目の複製後には，Ⅱの DNA は観察された全 DNA の何％にあたるだろうか。

遺伝子とタンパク質　p.66〜67　　月　　日

■ A ■ 生体ではどのようなタンパク質が働いているのだろうか？

細胞は，1＿＿＿＿＿＿＿，2＿＿＿＿＿＿＿＿＿＿，3＿＿＿＿＿＿＿，炭水化物，DNA・RNA などから

構成されている。

4＿＿＿＿＿＿＿＿＿＿＿：多数のアミノ酸が結合してできた物質。

表　さまざまなタンパク質

タンパク質	機能
5 (　　　　　　　　)	生体内外のさまざまな化学反応を促進する
6 (　　　　　　　　　)	酸素の運搬に働く
7 (　　　　　　　)	細胞間の情報伝達に働く
8 (　　　　　　)	免疫に働く

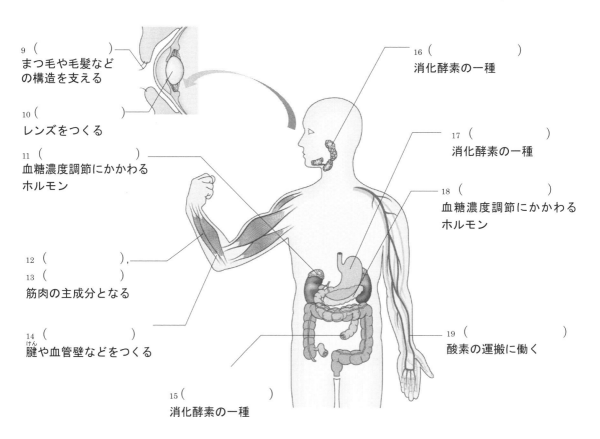

9 (　　　　　　　)
まつ毛や毛髪など
の構造を支える

10 (　　　　　　)
レンズをつくる

11 (　　　　　　　　)
血糖濃度調節にかかわる
ホルモン

12 (　　　　　　　),
13 (　　　　　　)
筋肉の主成分となる

14 (　　　　　　)
腱や血管壁などをつくる

15 (　　　　　)
消化酵素の一種

16 (　　　　　　　　)
消化酵素の一種

17 (　　　　　　　)
消化酵素の一種

18 (　　　　　　　)
血糖濃度調節にかかわる
ホルモン

19 (　　　　　　　　)
酸素の運搬に働く

◢ B ◣ タンパク質に多くの種類があるのはなぜだろうか？

◆タンパク質の構造

タンパク質は 20＿＿＿＿＿＿＿＿＿が鎖状に結合して構成されている。タンパク質を構成するアミ

ノ酸は 21＿＿＿＿＿種類あり，その並び方を 22＿＿＿＿＿＿＿＿＿という。

◆遺伝子とタンパク質

生物の性質や特徴の差異は 23＿＿＿＿＿＿＿＿＿の違いによってもたらされる。アミノ酸配列は，

24＿＿＿＿＿＿＿の遺伝情報によって決定されている。

○さまざまなアミノ酸
- アラニン
- アスパラギン酸
- グルタミン酸
- イソロイシン
- メチオニン

- セリン
- チロシン
- アルギニン
- システイン
- グリシン

- ロイシン
- フェニルアラニン
- トレオニン
- バリン
- アスパラギン

- グルタミン
- ヒスチジン
- リシン
- プロリン
- トリプトファン

アミノ酸　　　　　　　　　　タンパク質

Q 　　タンパク質に多くの種類があるのはなぜだろうか？

タンパク質は多数の 25＿＿＿＿＿＿＿によって構成されており，アミノ酸の種類や

数によって構造や性質の異なる 26＿＿＿＿＿＿＿＿が生じるため。

●Memo●

2　タンパク質の合成　p.68〜72　　月　　日

◤ A ◢　アミノ酸配列はどのようにして決まるのだろうか？

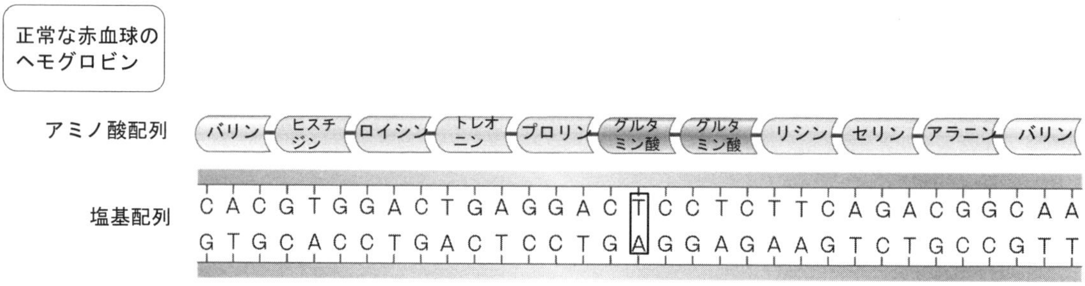

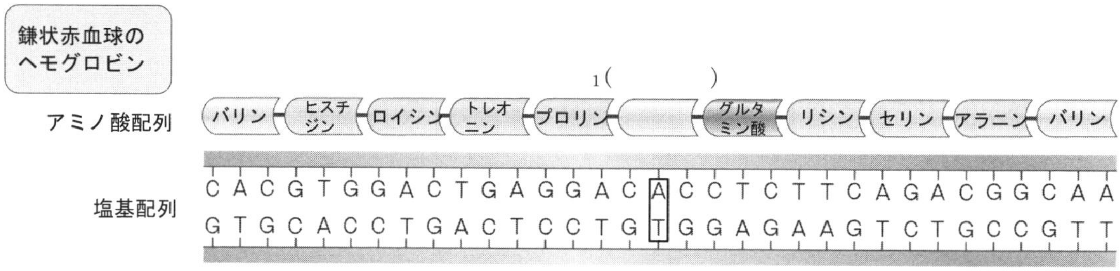

正常な赤血球の
ヘモグロビン

アミノ酸配列　バリン ─ ヒスチジン ─ ロイシン ─ トレオニン ─ プロリン ─ グルタミン酸 ─ グルタミン酸 ─ リシン ─ セリン ─ アラニン ─ バリン

塩基配列
```
C A C G T G G A C T G A G G A C T C C T C T T C A G A C G G C A A
G T G C A C C T G A C T C C T G A G G A G A A G T C T G C C G T T
```

鎌状赤血球の
ヘモグロビン

1（　　　　　　　　）

アミノ酸配列　バリン ─ ヒスチジン ─ ロイシン ─ トレオニン ─ プロリン ─ 　　　　 ─ グルタミン酸 ─ リシン ─ セリン ─ アラニン ─ バリン

塩基配列
```
C A C G T G G A C T G A G G A C A C C T C T T C A G A C G G C A A
G T G C A C C T G A C T C C T G T G G A G A A G T C T G C C G T T
```

2＿＿＿＿＿＿＿＿＿＿＿＿＿：血中の酸素濃度が低下すると，赤血球が鎌状に変化してこわれやす

くなる病気。

上の図から，アミノ酸配列がどのように決定されるか考えてみよう。

考えてみよう

```
┌─────────────────────────────────────────────┐
│                                             │
│                                             │
│                                             │
│                                             │
└─────────────────────────────────────────────┘
```

●Memo●

●Memo●

◆DNA の遺伝情報

・ 塩基 3＿＿＿＿＿＿つがさまざまな順序で並ぶことで，複数のアミノ酸を指定している。

・ 塩基の並びが同じなら，指定するアミノ酸は 4＿＿＿＿＿＿。

・ 異なる３つの塩基で同じアミノ酸を指定することもある。

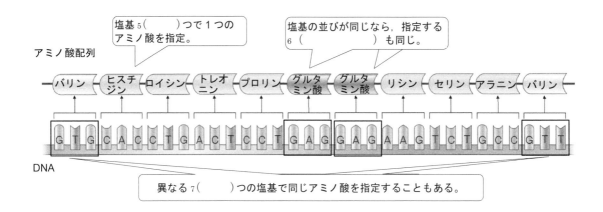

塩基 5（　　　）つで１つの
アミノ酸を指定。

塩基の並びが同じなら，指定する
6 （　　　　　　　　）も同じ。

アミノ酸配列

— バリン — ヒスチジン — ロイシン — トレオニン — プロリン — グルタミン酸 — グルタミン酸 — リシン — セリン — アラニン — バリン —

GTG CAC CTG ACT CCT GAG GAG AAG TCT GCC GTT

DNA

異なる 7（　　）つの塩基で同じアミノ酸を指定することもある。

◆セントラルドグマ

8＿＿＿＿＿＿＿＿（リボ核酸）：DNA の塩基配列がアミノ酸配列

に変換される際に，仲立ちをする物質。

9＿＿＿＿＿＿＿：DNA の塩基配列に基づいて 10＿＿＿＿＿＿が

つくられる過程。

11＿＿＿＿＿＿＿：RNA の塩基配列に基づいてタンパク質が

つくられる過程。

12＿＿＿＿＿＿＿＿＿＿＿＿＿：DNA の遺伝情報が DNA →

RNA →タンパク質の順に一方向に伝わるという考え方。

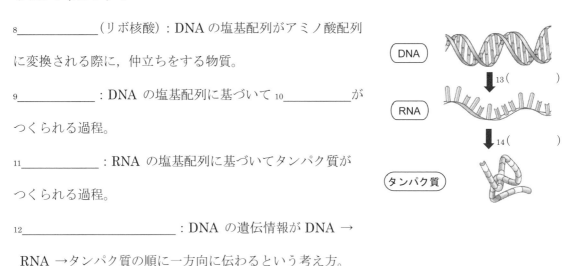

DNA

13（　　　　）

RNA

14（　　　　）

タンパク質

Q アミノ酸配列はどのようにして決まるのだろうか？

・ DNA の 15＿＿＿＿＿＿＿＿には，タンパク質の構造などの遺伝情報が含まれる。

・ DNA の塩基３つで１つの 16＿＿＿＿＿＿＿を指定する。

▰ B ▰ タンパク質はどう合成されるか？

◆RNA

RNA は，リン酸，糖，塩基からなるヌクレオチドを
構成単位とする物質である。

糖：17_____

塩基：18_____, 19_____,

20_____, 21_____ の 4 種類。

22 (　　　　　　)   23 (　　　　　　)   24 (　　　　　　)
（糖）

塩基			
A	アデニン	G	グアニン
U	ウラシル Uracil	C	シトシン

	糖	塩基	構造	働き
DNA	25 (　　　　　　)	A アデニン　G グアニン T 　　　C シトシン 26 (　　)	27 (　)本鎖	遺伝情報の本体
RNA	28 (　　　)	A アデニン　G グアニン U 　　　C シトシン 29 (　　　)	30 (　)本鎖	遺伝情報の伝達など

問 **11** DNA と RNA の構造の違いについて，次のキーワードを用いて説明しなさい。

（デオキシリボース，リボース，チミン，ウラシル）

●Memo●

44

◆転写

① DNA の塩基間の結合が切れて，部分的に 1 本鎖の状態になる。

② 一方のヌクレオチド鎖の塩基に相補的な塩基をもつ 31＿＿＿＿＿＿＿のヌクレオチドが結合する。

③ 隣り合う RNA のヌクレオチドが結合し，32＿＿＿＿＿＿＿(伝令 RNA)ができる。

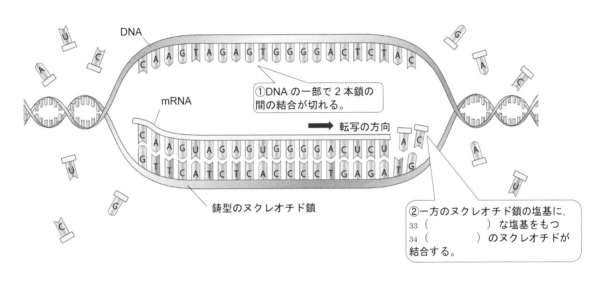

DNA

①DNA の一部で 2 本鎖の間の結合が切れる。

mRNA

→ 転写の方向

鋳型のヌクレオチド鎖

②一方のヌクレオチド鎖の塩基に，
33（　　　　　）な塩基をもつ
34（　　　　　）のヌクレオチドが結合する。

●Memo●

◆翻訳

遺伝暗号表：mRNA の 3 つの塩基とアミノ酸の関係をまとめた表。

		2番目の塩基				
		U(ウラシル)	C(シトシン)	A(アデニン)	G(グアニン)	
1番目の塩基	U	UUU ⎤フェニル UUC ⎦アラニン UUA ⎤ UUG ⎦ロイシン	UCU ⎤ UCC ⎥セリン UCA ⎥ UCG ⎦	UAU ⎤チロシン UAC ⎦ UAA ⎤ UAG ⎦(終止)	UGU ⎤システイン UGC ⎦ UGA (終止) UGG トリプトファン	U C A G	3番目の塩基
	C	CUU ⎤ CUC ⎥ロイシン CUA ⎥ CUG ⎦	CCU ⎤ CCC ⎥プロリン CCA ⎥ CCG ⎦	CAU ⎤ヒスチジン CAC ⎦ CAA ⎤グルタミン CAG ⎦	CGU ⎤ CGC ⎥アルギニン CGA ⎥ CGG ⎦	U C A G
	A	AUU ⎤ AUC ⎥イソロイシン AUA ⎦ AUG 35 ( )	ACU ⎤ ACC ⎥トレオニン ACA ⎥ ACG ⎦	AAU ⎤アスパラギン AAC ⎦ AAA ⎤リシン AAG ⎦	AGU ⎤セリン AGC ⎦ AGA ⎤アルギニン AGG ⎦	U C A G
	G	GUU ⎤ GUC ⎥バリン GUA ⎥ GUG ⎦	GCU ⎤ GCC ⎥アラニン GCA ⎥ GCG ⎦	GAU ⎤アスパラギン酸 GAC ⎦ GAA ⎤グルタミン酸 GAG ⎦	GGU ⎤ GGC ⎥グリシン GGA ⎥ GGG ⎦	U C A G

① mRNA の連続した 3 つの塩基により指定

されたアミノ酸は，36＿＿＿＿＿＿＿(転移

RNA)によって mRNA に運ばれる。

② 運ばれたアミノ酸が並び，連結されてタン

パク質が合成される。

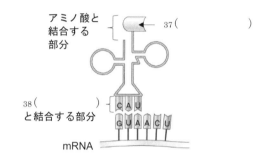

アミノ酸と結合する部分 37( )

38( )と結合する部分

mRNA

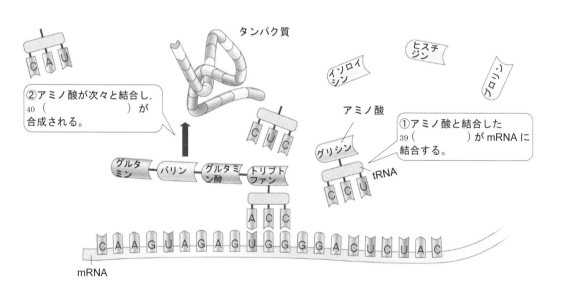

タンパク質

②アミノ酸が次々と結合し，40( ) が合成される。

①アミノ酸と結合した 39( ) が mRNA に結合する。

アミノ酸

グリシン

tRNA

mRNA

問 **12** 転写と翻訳のしくみについて，次のキーワードを用いて説明しなさい。

（DNA，ヌクレオチド，mRNA，tRNA，アミノ酸）

Q 遺伝情報からタンパク質ができるまで

【転写】

・　遺伝情報は DNA の ₄₁＿＿＿＿＿＿＿＿＿に存在する。

・　DNA の塩基配列に基づいて，₄₂＿＿＿＿＿＿＿が合成される。

【翻訳】

・　転写で合成された mRNA の ₄₃＿＿＿＿つの塩基が 1 つのアミノ酸を指定する。

●Memo●

3　遺伝子の発現　p.73〜75　　　月　　日

検印欄

◤ A ◢　個体を構成する細胞がさまざまなのはなぜだろうか？

1＿＿＿＿＿＿：細胞がそれぞれ特有の形や働きをもつようになること。

2＿＿＿＿＿＿：遺伝子が転写され，翻訳されること。

異なる細胞に分化するのは，発現する遺伝子が 3＿＿＿＿＿＿＿ため。

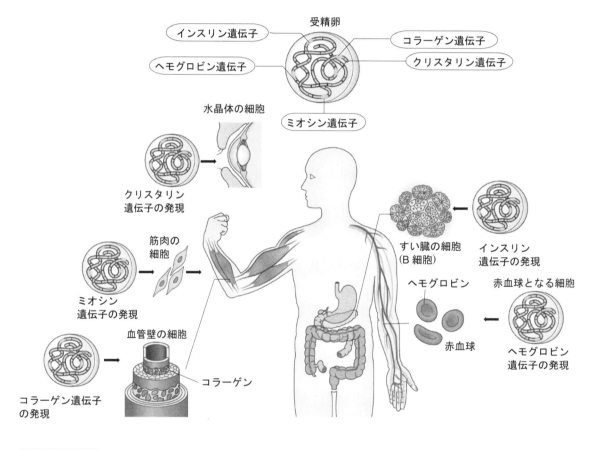

●Memo●

◆だ腺染色体とパフ

4_____：ショウジョウバエやユスリカの幼虫の
だ腺の細胞にみられる，複製された DNA が束になった巨大な
染色体。

5_____：染色体のところどころにみられる束がほど

5（   ）

けてふくらんだ箇所。DNA の 6_____がさかんに行わ

れて mRNA が合成されている。

→染色体上のどの位置にパフが存在するかを調べることで，

さかんに転写されている遺伝子とそうでない遺伝子を特定

することができる。

Q 個体を構成する細胞がさまざまなのはなぜだろうか？

細胞の種類ごとに 7_____する遺伝子が異なり，異なる 8_____が
合成されるため。

●Memo●

▲4 ゲノムと遺伝子　p.76〜78

月　　日

検印欄

▶ A ◀ 遺伝情報とゲノムにはどのような関係があるのか？

1＿＿＿＿＿＿＿＿：1 つの生殖細胞に含まれる DNA すべての遺伝情報。

2＿＿＿＿＿＿＿＿：塩基配列として遺伝情報を担う物質。

3＿＿＿＿＿＿＿＿：DNA の塩基配列のうち，転写され，翻訳される部分。このうち，特定の遺伝

子が発現して 4＿＿＿＿＿＿＿＿＿＿が合成される。

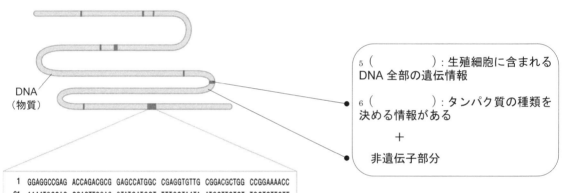

DNA
（物質）

5（　　　　　　）：生殖細胞に含まれる
DNA 全部の遺伝情報

6（　　　　　　）：タンパク質の種類を
決める情報がある

＋

非遺伝子部分

```
  1 GGAGGCCGAG ACCAGACGCG GAGCCATGGC CGAGGTGTTG CGGACGCTGG CCGGAAAACC
 61 AAAATGCCAC GCACTTCGAC CTATGATCCT TTTCCTAATA ATGCTTGTCT TGGTCTTGTT
121 TGGTTACGGG GTCCTAAGCC CCAGAAGTCT AATGCCAGGA AGCCTGGAAC GGGGGTTCTG
181 CATGGCTGTT AGGGAACCTG ACCATCTGCA GCGCGGTCTCG TTGCCAAGGA TGGTCTACCC
241 CCAGCCAAAG GTGCTGACAC CGTGTAGGAA GGATGTCCTC GTGGTGACCC CTTGGCTGGC
301 TCCCATTGTC TGGGAGGGCA CATTCAACAT GACATCCTC AACGAGCAGT TCAGGCTCCA
361 GAACACCACC ATTGGGTTAA CTGTGTTTGC TCATCAAGAAA TACGTGGCTT TCCTGAAGCT
```

DNA 塩基配列

ヒトの血液型を A 型または AB 型にする遺伝子の塩基
配列の一部。

Q 遺伝情報とゲノムにはどのような関係があるのか？

- ・　1 つの生殖細胞に含まれる全 DNA の遺伝情報を 7＿＿＿＿＿＿＿という。
- ・　DNA には，タンパク質のアミノ酸配列の情報をもつ 8＿＿＿＿＿＿＿部分と，

非遺伝子部分がある。

● Memo ●

▶ B ◀ ゲノムにはどれくらい遺伝子が存在するのだろうか？

9＿＿＿＿＿＿＿＿＿＿＿＿：ゲノムを構成する DNA の塩基対の数。

ヒトゲノムは 30 億塩基対からなるが，遺伝子として使われている部分は 10＿＿＿＿＿＿％ほどに

すぎない。

表　生物の遺伝子数とゲノムサイズ

生物名	遺伝子数(個)	ゲノムサイズ
ヒト	約 2 万 2000	約 30 億
シロイヌナズナ	約 2 万 7000	約 1 億 4000 万
ショウジョウバエ	約 1 万 4000	約 1 億 7000 万
メダカ	約 2 万	約 7 億
ニワトリ	約 1 万 5000	約 10 億 7000 万
大腸菌	約 4500	約 460 万

Q ゲノムにはどれくらい遺伝子が存在するのだろうか？

・ ゲノムを構成する DNA の塩基対の数を 11＿＿＿＿＿＿＿＿＿＿＿といい，生物に

より 11＿＿＿＿＿＿＿＿＿＿や遺伝子数は異なる。

・ ヒトの場合，遺伝子として使われている部分は全ゲノムの約 12＿＿＿＿＿＿％

ほどにすぎない。

問 **13** ゲノムについて，次のキーワードを用いて説明しなさい。

（相同染色体，遺伝子，ヒトゲノム）

●Memo●

1 体内環境と恒常性 p.84〜85

月　　日

検印欄

A 環境が変化すると，生物の体内も変化するのだろうか？

教科書 p.84 図 1，図 2 より，気温の変化に対して動物の体温がどのように変動しているか考えてみよう。

考えてみよう

B 体内の環境を一定に保つ利点は何だろうか？

◆体外環境と体内環境

多細胞動物の細胞は，血液などの体内の液体 1(＿＿＿＿＿)に浸されている。そのため，体液は細胞にとっての環境と考えることができ，これを 2＿＿＿＿＿＿＿とよぶ。

◆恒常性

3＿＿＿＿＿＿（ホメオスタシス）：体内環境がほぼ一定に保たれること。

Q 環境が変化すると，生物の体内も変化するのだろうか？

環境が変化しても体内の環境を一定に保つ，4＿＿＿＿＿＿をそなえている。

●Memo●

2 体液とその動き p.86～89

月　　日

検印欄

▲ A ▲　体液とはどのようなものだろうか？

◆ヒトの体液

1＿＿＿＿＿＿＿：血管内を流れる体液。細胞に酸素や栄養分を届けたり，細胞が放出した二酸化炭素や老廃物などを受け取る。

2＿＿＿＿＿＿＿：細胞の間を満たす体液。血液の液体成分である 3＿＿＿＿＿＿＿が毛細血管の血管壁からしみ出たもの。大部分は再び毛細血管に戻り，血液となる。

4＿＿＿＿＿＿＿：リンパ管内を流れる体液。組織液の一部がリンパ管に入ったもの。白血球の一種であるリンパ球が含まれている。

赤血球　　血小板
白血球　　毛細血管
5（　　　　　）
6（　　　　　）
7（　　　　　）
毛細リンパ管

◆血液の成分

脊椎動物の血液は，液体成分の 8＿＿＿＿＿＿＿と，有形成分の 9＿＿＿＿＿＿からできている。

表　ヒトの血液の成分と特徴

		核	大きさ (直径)	個数(/mm³)	おもな働き
有形成分	赤血球	10（　　）	6～9μm	380万～550万（男），330万～480万（女）	11（　　　　）の運搬
	白血球	12（　　）	9～25μm	4000～8500	13（　　　　）
	血小板	14（　　）	2～4μm	20万～40万	15（　　　　）
液体成分	血しょう	-	水(約90%)，タンパク質(約7%)，グルコース(約0.1%)，脂質，無機塩類など		栄養分・老廃物の運搬

Q　体液とはどのようなものだろうか？

・　体液には，血液，16＿＿＿＿＿＿＿，リンパ液がある。

・　血液は，酸素や老廃物の運搬，血液凝固に働く。

●Memo●

◤ B ◢ 体液はどのように循環するのだろうか？

◆心臓の構造と働き

- 哺乳類の心臓は，２つの 17＿＿＿＿＿＿＿と２つの 18＿＿＿＿＿＿＿からなり，これらが規則的に収縮と弛緩をくり返すことで血液を送り出している。

- 右心房にある 19＿＿＿＿＿＿＿が心臓全体の拍動のリズムを決定している。そのため，20＿＿＿＿＿＿＿＿＿とよばれる。

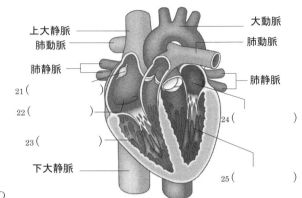

上大静脈
肺動脈
肺静脈
21（　　　）
22（　　　）
23（　　　）
下大静脈
大動脈
肺動脈
肺静脈
24（　　　）
25（　　　）

◆血液の循環

26＿＿＿＿＿＿＿：血管を流れる血液のうち，酸素を多く含む 27＿＿＿＿＿＿色の血液。

28＿＿＿＿＿＿＿：酸素が少ない 29＿＿＿＿＿色の血液。

30＿＿＿＿＿＿＿：心臓から全身を回り心臓に戻る循環。31＿＿＿＿＿＿＿が心臓から全身に運ばれ，毛細血管で各組織に酸素を供給する。二酸化炭素を受け取った血液は，静脈血となって心臓に戻る。

32＿＿＿＿＿＿＿：心臓から肺を通り心臓に戻る循環。33＿＿＿＿＿＿＿が心臓から肺に運ばれて二酸化炭素を放出し，酸素を受け取って動脈血となる。動脈血は心臓に戻り，再び全身の組織に運ばれる。

34（　　　　　　　　　）

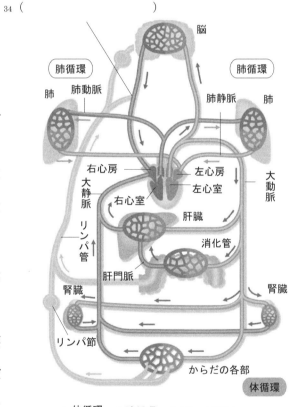

脳
肺循環
肺　肺動脈
肺静脈　肺　肺循環
右心房
大静脈
右心室
左心房
左心室
大動脈
肝臓
消化管
リンパ管
肝門脈
腎臓
腎臓
リンパ節
からだの各部
体循環

→ 体循環　→ 肺循環　→ リンパの流れ
━ 動脈血　　静脈血

◆リンパ液の循環

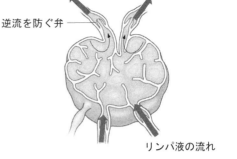

逆流を防ぐ弁

35_____：組織から毛細リンパ管に回収された組織液。最終的に 36_____で血液に合流する。

リンパ液の流れ

37_____：リンパ管の途中にあるふくらみ。免疫にかかわる器官の1つで，多数のリンパ球が存在する。

◆酸素と二酸化炭素の運搬

呼吸器官でとり入れられた酸素は，赤血球中の 38_____によって組織の細胞に運ばれる。

- 酸素濃度が高いところ…酸素と 39 （ 結合して ・ 解離して ） 酸素ヘモグロビンになりやすい。
- 酸素濃度が低いところ…酸素と 40 （ 結合して ・ 解離して ） ヘモグロビンに戻りやすい。
- 二酸化炭素濃度が高いところ…酸素と 41 （ 結合して ・ 解離して ） ヘモグロビンに戻りやすい。
- 二酸化炭素濃度が低いところ…酸素と 42 （ 結合して ・ 解離して ） 酸素ヘモグロビンになりやすい。

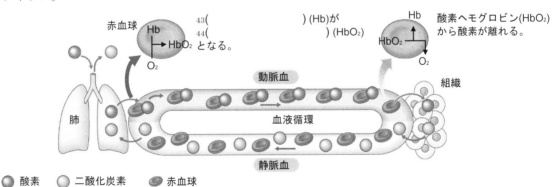

赤血球　Hb 43(　　　　　) (Hb)が　　　　　Hb
44(　　　　　) (HbO$_2$)　HbO$_2$ 酸素ヘモグロビン(HbO$_2$)
→HbO$_2$ となる。　　　　　から酸素が離れる。
O$_2$　　　　　　　　　　　　　　　　　　O$_2$

動脈血

血液循環　組織

肺

静脈血

◯ 酸素　◯ 二酸化炭素　◓ 赤血球

Q 　体液はどのように循環するのだろうか？

- 血液は，心臓の 45_____と 46_____が収縮と弛緩をくり返すことで全身に送り出される。
- 血液の循環は，心臓から全身を回り心臓に戻る 47_____と，心臓から肺を通り心臓に戻る 48_____がある。

◣ C ◥ 血液の損失をどのように防ぐか?

① 血管が傷つき出血する。

② 血管の傷口に 49_____が集まる。

③ 凝固因子が協調して働くことにより,

50_____が生成される。フィブ

リンの網に 51_____がからんで,

52_____が形成される。

④ 傷口がふさがれ止血される。

以上のような現象を 53_____という。

①出血　54(　　　)　　　55(　　　　　)

② 56(　　　　　)が集まる

③ 57(　　　　　)の形成

58_____ : 血管の修復とともに, 59_____が分解され, 60_____が溶

けてとり除かれる現象。

61(　　　)・・・62(　　　　　)から凝固因子が除かれたもの。

63(　　　　)・・・血球に 64(　　　　　)がからんで沈殿したもの。

Q 血液の損失をどのように防ぐか?

傷口で生成される 65_____に血球がからむことで 66_____が

形成され, 傷口をふさぐ。

問 **14** 血液凝固のしくみについて, 次のキーワードを用いて説明しなさい。

(血小板, フィブリン, 血ぺい)

◆◆◆Challenge◆◆◆～ヘモグロビンの性質から働きを理解しよう～

　右の図は，血液中の酸素濃度と酸素ヘモグロビンの割合との関係を示したグラフであり，酸素解離曲線とよばれる。

　酸素解離曲線では，酸素濃度が 67 （ 高い ・ 低い）環境では，ヘモグロビンは酸素と結合しやすく，酸素濃度が 68 （ 高い ・ 低い）環境では，酸素ヘモグロビンは酸素を解離しやすいことが読みとれる。

　このグラフをもとに，ヘモグロビンの性質について考えてみよう。

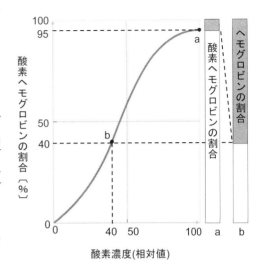

1. 肺胞での酸素濃度(相対値)が 100 であるとき(a)と，組織での酸素濃度(相対値)が 40 であるとき(b)の酸素ヘモグロビンの割合を，それぞれグラフから求めよ。

（a)のときの酸素ヘモグロビンの割合：

（b)のときの酸素ヘモグロビンの割合：

2. 組織で酸素を解離した酸素ヘモグロビンの割合を，グラフから求めよ。

3. 下線部の性質には，酸素の運搬においてどのような利点があるか。

3 体液の調節 p.90～92

月　　日

検印欄

◤ A ◥ 体液の調節はどの器官で行われているのだろうか？

血液が 1_____ と 2_____ を流れることにより，体液の恒常性が保たれている。

3_____：消化管で吸収された物質を細胞内にとり入れ，体液におけるそれらの物質の濃度

を一定の範囲に保つ。

4_____：体液の 5_____ を調節することで体液の塩類組成や塩類濃度を維持する。

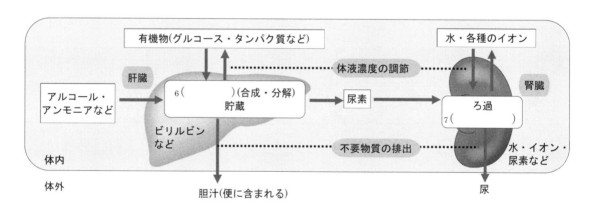

●Memo●

▰ B ▰ 肝臓はどのような働きをしているのだろうか？

◆血糖濃度の調節

消化・吸収したグルコースを 8＿＿＿＿＿＿＿＿＿＿として蓄えたり，グリコーゲンを分解して 9＿＿＿＿＿＿＿＿を血液中に放出したりする。

◆血しょう中の 10＿＿＿＿＿＿＿の合成・分解

アルブミンやグロブリンなどの合成，ヘモグロビンの分解など。

◆11＿＿＿＿＿＿の合成

古くなった赤血球を破壊し，その際に生じるビリルビンと，肝臓で生成した胆汁酸から 12＿＿＿＿＿＿をつくる。

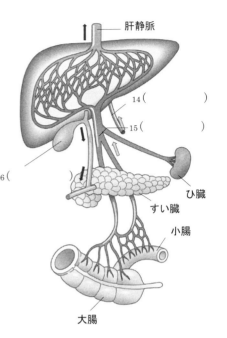

14（　　　　　　）
15（　　　　　　）
16（　　　　　　）

肝静脈
ひ臓
すい臓
小腸
大腸

◆解毒作用

・　体内で生じた有害物質やアルコールを毒性の低い物質に分解する。

・　アンモニアを毒性の低い 13＿＿＿＿＿＿にかえる。

◆代謝による熱の産生

・　肝臓で物質の分解・合成がたえず行われ，多量の熱が発生する。

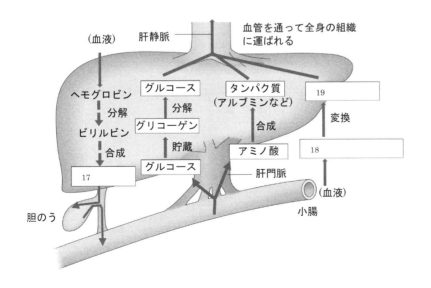

◆腎臓の構造

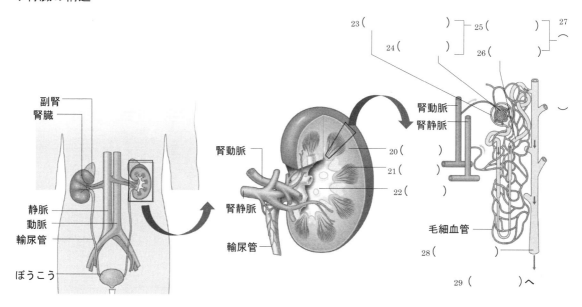

◆腎臓の働き

① ₃₀＿＿＿＿＿＿＿＿＿からタンパク質などの大きな分子を除いた物質が，₃₁＿＿＿＿＿＿＿

からボーマンのうへろ過されて原尿となる。

② ₃₂＿＿＿＿＿＿＿が細尿管(腎細管)を流れる際に，グルコースや無機塩類，水などが毛細血管に

₃₃＿＿＿＿＿＿＿される。

③ 細尿管を通過した原尿は ₃₄＿＿＿＿＿＿＿へと流れ込み，さらに ₃₅＿＿＿＿＿が再吸収され

る。

④ ろ過と ₃₆＿＿＿＿＿＿＿の過程を経て，水分量や塩分濃度が適切な範囲に保たれる。

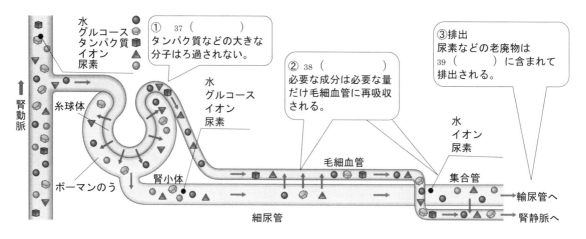

◤1◢ 情報の伝達 p.94〜95

月　　日

検印欄

◤ A ◢ 体外や体内からの働きかけに，からだはどのように反応する？

◆からだの調節のしくみ

体内環境の変化は，間脳の₁＿＿＿＿＿＿＿＿で情報が集約され，調節は₂＿＿＿＿＿＿＿＿＿と

₃＿＿＿＿＿＿＿＿の2つのしくみで行われる。

₄＿＿＿＿＿＿＿＿による調節：神経を通じて情報が器官に直接伝えられて作用する。調節はす

ばやく起こるが，持続性はない。

₅＿＿＿＿＿＿＿＿による調節：₆＿＿＿＿＿＿＿＿が血液の流れを通じて特定の器官に作用する

ことで情報を伝える。自律神経系に比べ時間はかかるが，持続性がある。

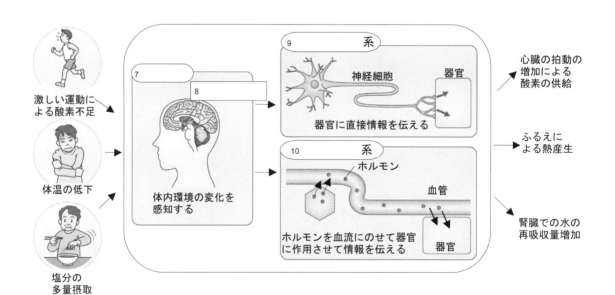

◤Q◢ 体外や体内からの働きかけに，からだはどのように反応する？

体内環境の情報は間脳の₁₁＿＿＿＿＿＿＿＿で感知され，₁₂＿＿＿＿＿＿＿＿と
内分泌系によって調節される。

●Memo●

2 自律神経系による情報伝達と調節 p.96〜99 月 日

◤A◢ 神経系とはなにか？

中枢神経系の大部分を占める脳は，1＿＿＿＿＿＿＿＿，

2＿＿＿＿＿＿＿，3＿＿＿＿＿＿＿，小脳，延髄にわけられる。

4＿＿＿＿＿＿＿：脳のすべての機能が停止した状態。

脳死になると，5＿＿＿＿＿＿＿＿が失われ，やがて心臓が停止する。

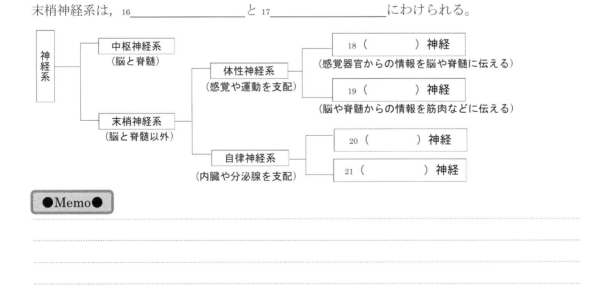

◆末梢神経系

末梢神経系は，16＿＿＿＿＿＿＿＿＿と17＿＿＿＿＿＿＿＿＿＿にわけられる。

神経系	中枢神経系（脳と脊髄）		
	末梢神経系（脳と脊髄以外）	体性神経系（感覚や運動を支配）	18（　　　）神経（感覚器官からの情報を脳や脊髄に伝える）
			19（　　　）神経（脳や脊髄からの情報を筋肉などに伝える）
		自律神経系（内臓や分泌腺を支配）	20（　　　）神経
			21（　　　）神経

●Memo●

....
....
....
....

問 15　ヒトの神経系の構造について，次のキーワードを用いて説明しなさい。

（中枢神経系，末梢神経系，体性神経系，自律神経系）

●Memo●

◤ B ◢ 自律神経系はどのように体内環境を調節するのだろうか？

自律神経系は，交感神経と副交感神経からなり，互いに 22＿＿＿＿＿＿＿＿に働くことで体内環境を調節している。

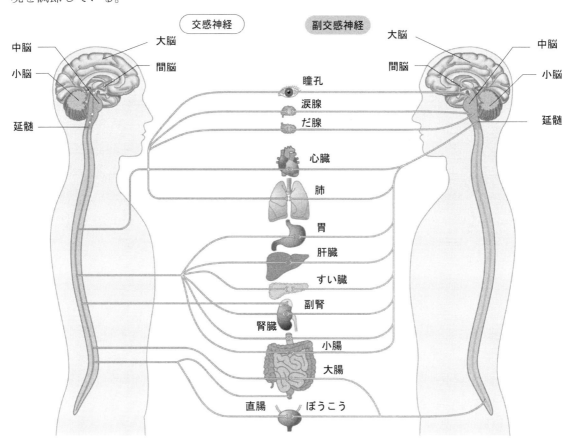

23＿＿＿＿＿＿＿＿：活動時や緊急時などに興奮状態を導くように働く。

24＿＿＿＿＿＿＿＿：鎮静状態を導き，安静時や休息時などに生命を維持する活動に働く。

対象 自律神経	瞳孔	気管支	心臓の拍動	胃腸のぜん動	立毛筋	汗腺（発汗）	皮膚の血管	血圧	ぼうこう（排尿）
交感神経	25	27	29	31	33	35	37	39	41
副交感神経	26	28	30	32	34	36	38	40	42

問 **16** 自律神経系について，次のキーワードを用いて説明しなさい。（交感神経，副交感神経，対抗的）

●Memo●

3　内分泌系による情報伝達と調節　p.100〜103　　月　　日

▶ A ◀ 内分泌系はどのように体内環境を調節するのだろうか？

1＿＿＿＿＿＿＿＿＿：体液中に物質が直接放出されること。

2＿＿＿＿＿＿＿＿＿：内分泌を行う器官や細胞のこと。

外分泌腺：3＿＿＿＿＿＿＿＿＿を通して物質を体外に放出する腺。

4＿＿＿＿＿＿＿＿＿：内分泌腺にある分泌細胞から血液中に分泌され，特定の器官や細胞に作用する物質。

5＿＿＿＿＿＿＿＿＿：ホルモンが作用する器官。標的器官には，特定のホルモンと結合する

6＿＿＿＿＿＿＿＿＿をもつ標的細胞がある。

問 17 内分泌系について，次のキーワードを用いて説明しなさい。

（ホルモン，標的器官，血液）

●Memo●

▰ B ▰ ヒトのホルモンにはどのようなものがあるのだろうか？

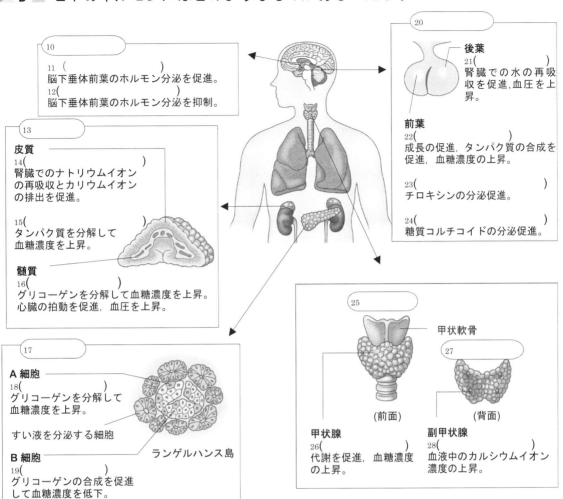

10
11 (　　　　　　　　　)
脳下垂体前葉のホルモン分泌を促進。
12 (　　　　　　　　　)
脳下垂体前葉のホルモン分泌を抑制。

13
皮質
14 (　　　　　　　　　)
腎臓でのナトリウムイオン
の再吸収とカリウムイオン
の排出を促進。

15 (　　　　　　　　　)
タンパク質を分解して
血糖濃度を上昇。

髄質
16 (　　　　　　　　　)
グリコーゲンを分解して血糖濃度を上昇。
心臓の拍動を促進，血圧を上昇。

17
A 細胞
18 (　　　　　　　　　)
グリコーゲンを分解して
血糖濃度を上昇。

すい液を分泌する細胞

B 細胞
19 (　　　　　　　　　)
グリコーゲンの合成を促進
して血糖濃度を低下。

ランゲルハンス島

20
後葉
21 (　　　　　　　　　)
腎臓での水の再吸
収を促進，血圧を上
昇。

前葉
22 (　　　　　　　　　)
成長の促進，タンパク質の合成を
促進，血糖濃度の上昇。

23 (　　　　　　　　　)
チロキシンの分泌促進。

24 (　　　　　　　　　)
糖質コルチコイドの分泌促進。

25

甲状軟骨

27

（前面）　　　　　（背面）

甲状腺
26 (　　　　　　　　　)
代謝を促進，血糖濃度
の上昇。

副甲状腺
28 (　　　　　　　　　)
血液中のカルシウムイオン
濃度の上昇。

内分泌腺		ホルモン	標的器官	おもな働き
脳下垂体	前葉	成長ホルモン	骨，筋肉など	成長の促進，タンパク質合成の促進，血糖濃度の上昇
		甲状腺刺激ホルモン	甲状腺	チロキシンの分泌促進
		副腎皮質刺激ホルモン	副腎皮質	糖質コルチコイドの分泌促進
	後葉	バソプレシン	腎臓	腎臓での水の再吸収を促進，血圧を上昇
甲状腺		チロキシン	さまざまな器官	代謝を促進，血糖濃度を上昇
副甲状腺		パラトルモン	腎臓，骨など	血液中のカルシウムイオン濃度を上昇
副腎	髄質	アドレナリン	肝臓，筋肉など	血糖濃度の上昇，心臓の拍動を促進，血圧を上昇
	皮質	糖質コルチコイド	筋肉など	血糖濃度の上昇，タンパク質からの糖の合成
		鉱質コルチコイド	腎臓など	腎臓でのナトリウムイオン再吸収・カリウムイオン排出の促進
すい臓のランゲルハンス島	A 細胞	グルカゴン	肝臓，筋肉など	血糖濃度の上昇
	B 細胞	インスリン	肝臓	血糖濃度の低下

◤ C ◥ ホルモンの分泌はどのように調節されているのだろうか?

◆視床下部と脳下垂体

・ ホルモンの分泌は, 間脳の 29＿＿＿＿＿＿＿とその下の 30＿＿＿＿＿＿＿によって
おもに調節されている。

・ 視床下部には, 直接血液中にホルモンを分泌する 31＿＿＿＿＿＿＿＿が分布している。

○脳下垂体前葉

① 視床下部から伸びた神経分泌細胞の一部は, 32＿＿＿＿＿＿＿に流れ込む毛細血管に,

33＿＿＿＿＿＿＿や放出抑制ホルモンを分泌する。

② 血流にのって 34＿＿＿＿＿＿＿に到達する。

③ 35＿＿＿＿＿＿＿からのさまざまなホルモンの分泌が調節される。

視床下部
脳下垂体

神経分泌細胞
Ⓑ
Ⓐ
視床下部

血液
脳下垂体前葉

36(　　　)
視床下部の神経分泌細胞Ⓐでつくられたホルモンの調節を受け, 前葉のホルモンを分泌する。

血液＋前葉のホルモン

37(　　　)
視床下部の神経分泌細胞Ⓑでつくられた後葉のホルモンを神経繊維の末端に蓄え, 必要に応じて血液中に分泌する。

脳下垂体後葉
血液

血液＋後葉のホルモン

核

ホルモン

輸送

毛細血管

分泌

神経分泌細胞

○脳下垂体後葉

別の神経分泌細胞の末端から 38＿＿＿＿＿＿＿の毛細血管にホルモンが直接分泌される。

●Memo●

72

◆ホルモン分泌量の調節

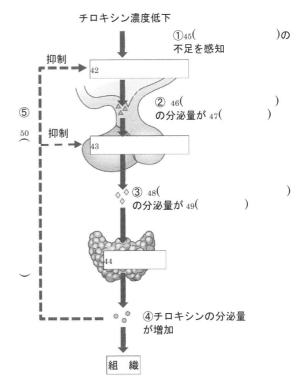

チロキシン濃度低下

①45(　　　　　　　　　　)の
不足を感知

42

抑制

②46(　　　　　　　　)
の分泌量が47(　　　　)

③48(　　　　　　　　)
の分泌量が49(　　　)

44

④チロキシンの分泌量
が増加

組　織

⑤

50
(　)

抑制

43

39_____ : 最終的につ
くられた物質や得られた効果が, 前の段階に
戻って作用するしくみ。

・　40_____ : 甲状腺から分泌
され, 全身の細胞での代謝を促進するホ
ルモン。

・　41_____ : 脳下垂体後葉
から分泌され, 体液の塩類濃度の調節に
かかわるホルモン。

○バソプレシンによる体液濃度の調節

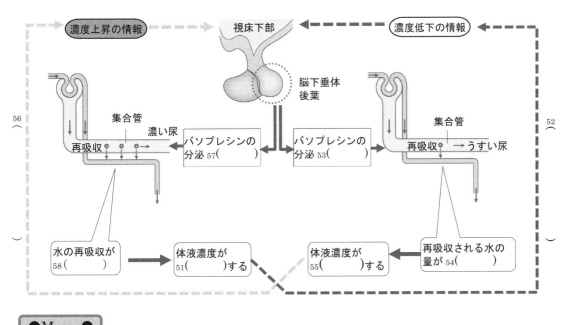

●Memo●

73

◢ 4 ◢ 内分泌系と自律神経系による調節　p.104〜108　　月　　日

▰ A ▰ 血糖濃度は一定の範囲に保たれるのだろうか？

1＿＿＿＿＿＿＿：血液中に含まれるグルコース。ヒトの場合，空腹時で血液 100 mL あたり

約 2＿＿＿＿＿〜110 mg（0.1 ％程度）に調節されている。

3＿＿＿＿＿＿＿＿：血糖濃度の調節に関係するホルモン。

次のグラフをもとに，血糖濃度の変化にインスリンがどのようにかかわっているか考えてみよう。

(1)血糖濃度は，食事の前後でどのように変化しているか。またそのように変化するのはなぜか。

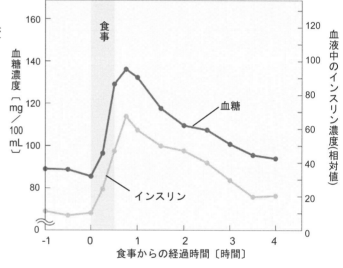

(2)血糖濃度は，食事後の時間の経過とともにどのように変化しているか。

(3)血液中のインスリン濃度は，食事前後でどのように変化しているか。

(4)インスリンは，血糖濃度にどのような影響を与えていると考えられるか。

◆血糖濃度を低下させるホルモン（4＿＿＿＿＿＿種類のみ）

5＿＿＿＿＿＿＿＿＿：すい臓のランゲルハンス島 6＿＿＿＿＿＿から分泌される。

・　血液中のグルコースの細胞内へのとり込みや消費を促進。

・　脂肪への転換を促進。

・　肝臓や筋肉に作用して，7＿＿＿＿＿＿からグリコーゲンを合成する反応を促進。

外分泌腺
すい液を分泌

血管

8（　　）細胞
9（　　　　　　　）を分泌

10（　　　　　　　　　）

11（　　）細胞
12（　　　　　　）を分泌

◆血糖濃度を上昇させるホルモン（13＿＿＿＿＿存在する）

・　14＿＿＿＿＿＿＿：すい臓のランゲルハンス島 15＿＿＿＿＿＿から分泌される。グリコーゲンの分解を促進。

・　16＿＿＿＿＿＿＿：副腎 17＿＿＿＿＿から分泌され，グリコーゲンの分解を促進。

・　18＿＿＿＿＿＿＿＿：副腎 19＿＿＿＿＿から分泌され，組織の 20＿＿＿＿＿＿を分解してグルコースを合成。

21（　　　　　）
22（　　　　　　　）を分泌

23（　　　　）
24（　　　　　　　）を分泌

Q　血糖濃度は一定の範囲に保たれるのだろうか？

・　血糖濃度はホルモンにより一定に保たれる。

・　血糖濃度を下げるホルモンは 25＿＿＿＿＿＿のみで，血糖濃度を上げるホルモンには，26＿＿＿＿＿＿，27＿＿＿＿＿＿，糖質コルチコイドなどがある。

B 血糖濃度はどのように調節されているだろうか？

血糖濃度は，ホルモンのみでなく，自律神経系とともに働くことで調節されている。

◆血糖濃度が上昇したとき

28＿＿＿＿＿＿と視床下部が感知し，ランゲルハンス島 B 細胞から 29＿＿＿＿＿＿が分泌される。

◆血糖濃度が低下したとき

すい臓と視床下部が感知し，ランゲルハンス島 A 細胞から 30＿＿＿＿＿＿が分泌される。

→急激に血糖濃度が低下した場合は，副腎髄質から 31＿＿＿＿＿＿が分泌され，血糖濃度が上昇する。

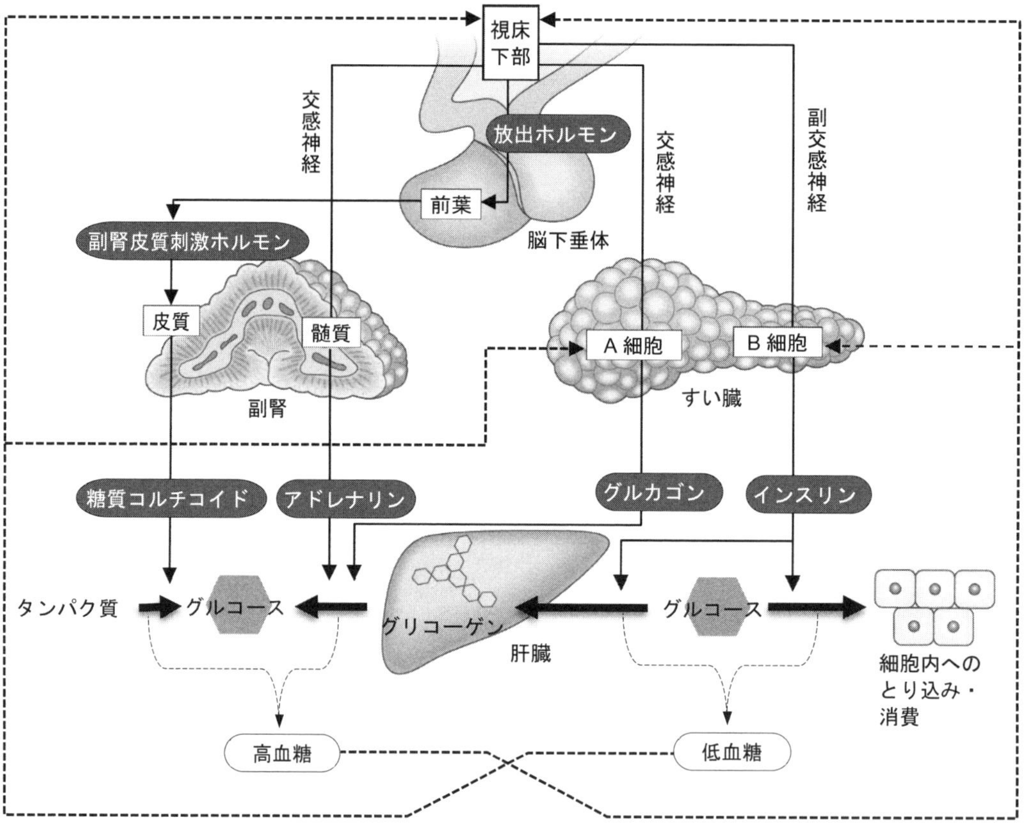

Q 血糖濃度はどのように調節されているだろうか？

血糖濃度は 32＿＿＿＿＿＿と自律神経系がともに働くことで調節される。

◤ C ◢ 血糖濃度調節に支障があるとどうなるだろうか？

◆糖尿病

33_____：血糖濃度調節のバランスが崩れ，血糖濃度がつねに 34_____状態になる

疾患。血糖濃度が健康なヒトに比べて高いため，腎臓におけるグルコースの再吸収が間に合わず，

グルコースを含む尿(糖尿)が排出されることがある。糖尿病はおもに 2 つの型にわけられる。

・　35_____糖尿病

特徴：インスリンがほとんど分泌されなくなる。

原因：免疫機能の異常など。

・　36_____糖尿病

特徴：インスリンが出にくくなったり作用しにくくなる。

原因：遺伝的な要因や運動不足や食べ過ぎなどの生活

習慣。

→糖尿病の 95％以上は 37_____糖尿病である。

健康なヒトの場合

すい臓　　　　　　　　　　　グルコース

インスリン　　細胞

受容体

インスリンの分泌量が減少　(1 型・2 型)

インスリンが作用しない　(2 型)

Q　血糖濃度調節に支障があるとどうなるだろうか？

血糖濃度調節のバランスが崩れると，血糖濃度がつねに高くなる 38_____
などの疾患が生じる。

●Memo●

78

◆◆◆Challenge◆◆◆〜糖尿病の原因は？〜

下の図は，健康なヒトと，ある糖尿病患者(A，B)の，食事後の血糖濃度およびインスリン

濃度の変化を，時間の経過とともに示したものである。

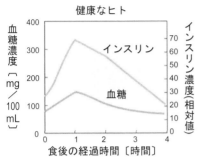 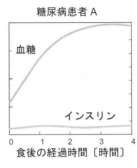 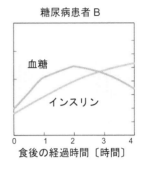

(1)　糖尿病患者 A，糖尿病患者 B は，1 型糖尿病と 2 型糖尿病のそれぞれどちらに該当するか。

糖尿病患者 A

糖尿病患者 B

(2)　(1)と考えた理由を答えよ。

1　生体防御と免疫 p.110〜112　　　　月　　日

検印欄

A ヒトの体内に病原体が侵入すると，どのような反応が起こる？

・　1＿＿＿＿＿＿＿：病気の原因となる細菌やウイルスなど。

・　感染症：病原体によって引き起こされる病気。

病原体が体内に侵入すると，白血球が増加して病原体を排除する。

健康な人と感染症にかかった患者の白血球数の比較の図をもとに，白血球の特徴と役割について

考えてみよう。

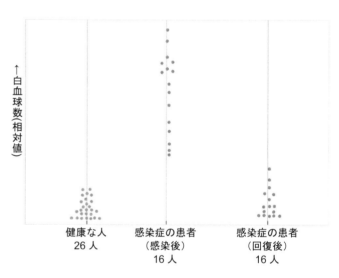

●Memo●

◤ B ◢ 病原体からどのように身を守るのか？

生物には，病原体や紫外線，熱，化学物質からからだを守る働きがあり，これを

2＿＿＿＿＿＿＿＿という。生体防御のうち，病原体などを排除するしくみを 3＿＿＿＿＿＿とい

う。

◆3段階の防御

生体防御	自然免疫	物理的・化学的防御	皮膚や粘膜などの体表面による防御
		食作用，NK細胞	4（　　　　　　　　　）による排除，NK細胞による感染細胞への攻撃
	獲得免疫	5（　　　　　　　　　）	形質細胞が産生した抗体によって異物を排除する
		6（　　　　　　　　　）	T細胞が感染細胞を直接攻撃する

7（　　　　　　　　　）	8（　　　　　　　　　）

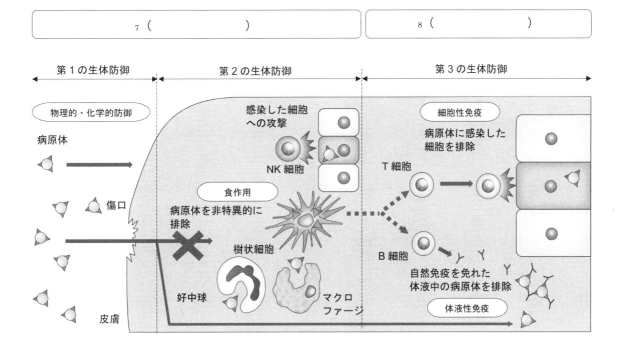

◤ Q ◢　ヒトの体内に病原体が侵入すると，どのような反応が起こる？

体内に侵入した病原体は，9＿＿＿＿＿＿＿と 10＿＿＿＿＿＿＿によって排

除される。

◤ C ◢ 免疫にかかわる細胞や器官は？

◆免疫にかかわる細胞

11＿＿＿＿＿＿＿＿，12＿＿＿＿＿＿＿＿＿＿＿，13＿＿＿＿＿＿＿＿，リンパ球（T 細胞，B 細胞，

NK 細胞）などの白血球がかかわっており，すべて骨髄にある 14＿＿＿＿＿＿＿＿＿＿から分化す

る。

◆免疫にかかわる組織・器官

骨髄，リンパ管，リンパ節，胸腺，ひ臓などの組織や器官がかかわっている。

- ・　15＿＿＿＿＿＿＿：骨髄（bone marrow）で分化し，ひ臓で成熟が完了する。

- ・　16＿＿＿＿＿＿＿：胸腺（thymus）で成熟が完了する。

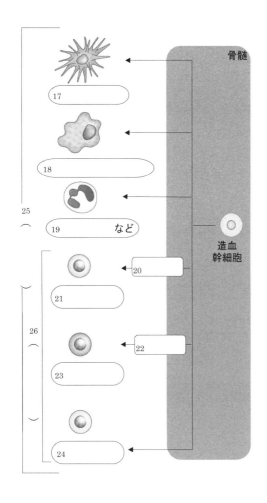

25

17

18

19 など

骨髄

造血
幹細胞

20

21

26

22

23

24

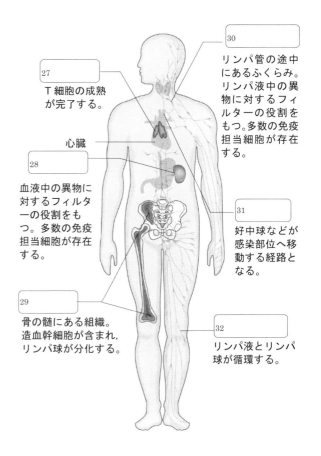

27
T 細胞の成熟
が完了する。

心臓

28
血液中の異物に
対するフィルタ
ーの役割をも
つ。多数の免疫
担当細胞が存在
する。

29
骨の髄にある組織。
造血幹細胞が含まれ，
リンパ球が分化する。

30
リンパ管の途中
にあるふくらみ。
リンパ液中の異
物に対するフィ
ルターの役割を
もつ。多数の免疫
担当細胞が存在
する。

31
好中球などが
感染部位へ移
動する経路と
なる。

32
リンパ液とリンパ
球が循環する。

2 自然免疫のしくみ p.113〜114

月　　日

▶ A ◀ 体内への異物の侵入はどのように防がれる？

異物は，まず皮膚や粘膜による物理的・化学的防御によって排除される。

◆皮膚

1_____:ヒトの皮膚の表皮にある，

死んだ細胞が層状になった構造。

→ウイルスは生きた細胞にしか感染できな

いため，侵入できない。

◆粘膜

鼻，口，気管などの内壁は，2_____と

よばれる細胞の層からなる。粘液を分泌。

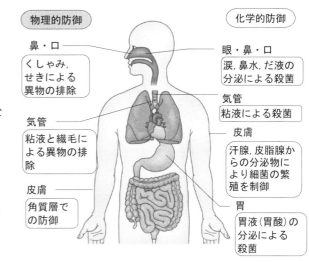

物理的防御　　　　　　　　　　　　化学的防御

鼻・口
くしゃみ，せきによる異物の排除

気管
粘液と繊毛による異物の排除

皮膚
角質層での防御

眼・鼻・口
涙, 鼻水, だ液の分泌による殺菌

気管
粘液による殺菌

皮膚
汗腺, 皮脂腺からの分泌物により細菌の繁殖を制御

胃
胃液（胃酸）の分泌による殺菌

3_____:細菌の細胞壁を分解する酵素で，細菌の侵入を化学的に防いでいる。涙や

鼻水，だ液などに含まれる。

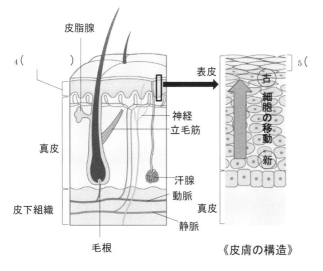

4(　　　　)

皮脂腺
表皮
神経
立毛筋
真皮
汗腺
動脈
皮下組織
静脈
真皮
毛根

5(　　　)
古　細胞の移動　新

《皮膚の構造》

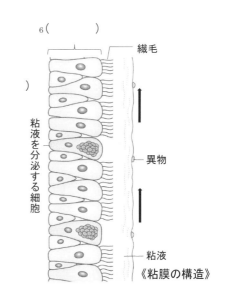

6(　　　　)

繊毛
粘液を分泌する細胞
異物
粘液

《粘膜の構造》

▶ Q ◀ 体内への異物の侵入はどのように防がれる？

7_____や粘膜による物理的・化学的防御によって排除される。

◤ B ◢ 体内へ侵入した異物はどのように排除されるのか？

◆食作用

・　好中球やマクロファージ，樹状細胞などの ₈＿＿＿＿＿＿＿は，体内に侵入した異物を認識

　　し，細胞内にとり込む。このような働きを ₉＿＿＿＿＿＿という。

・　細胞内に侵入し食作用で排除できない病原体は，₁₀＿＿＿＿＿＿＿が感染した細胞ごと排

　　除する。

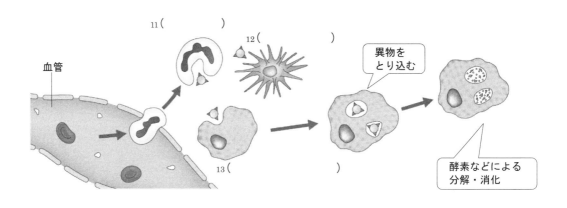

₁₁（　　　　　　）　₁₂（　　　　　　）　異物をとり込む　酵素などによる分解・消化

血管　₁₃（　　　　　　）

◤Q◢　体内へ侵入した異物はどのように排除されるのか？

物理的・化学的防御をやぶって侵入した病原体は，食細胞による ₁₄＿＿＿＿＿＿

や，NK 細胞によって排除される。

●Memo●

3 獲得免疫のしくみ p.115～118

月　　日

検印欄

A 自然免疫で排除できなかった異物はどう排除されるのか？

◆獲得免疫の種類

自然免疫でおさえきれなかった異物は，獲得免疫によって排除される。

種類		働き
獲得免疫	1 (　　　　　　　　) 免疫	T細胞が感染細胞を直接攻撃する
	2 (　　　　　　　　) 免疫	形質細胞が産生した 3 (　　　　　　　) によって異物を排除する

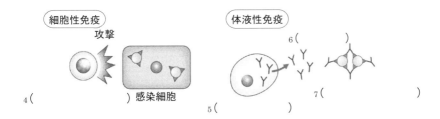

細胞性免疫　攻撃　
4 (　　　　　) 感染細胞

体液性免疫
6 (　　　　　)
5 (　　　　　　　)　7 (　　　　　　　　　　)

◆抗原と抗体

8＿＿＿＿＿＿＿：ウイルスや細菌など，獲得免疫の攻撃の対象となる異物。

9＿＿＿＿＿＿＿：B細胞が分化した形質細胞から産生され，抗原と結合するタンパク質。

10＿＿＿＿＿＿＿＿＿：抗体が特定の抗原と特異的に結合して複合体を形成する反応。複合体の

多くは 11＿＿＿＿＿＿＿＿＿の食作用によって排除される。

Q 自然免疫で排除できなかった異物はどう排除されるのか？

T細胞が感染した細胞を直接攻撃する 12＿＿＿＿＿＿＿＿＿と，抗体によって異物を
排除する 13＿＿＿＿＿＿＿＿＿によって排除される。

●Memo●

◆細胞性免疫

① 樹状細胞が抗原をとりこみ，断片化する。

② 樹状細胞が，抗原の断片を 14＿＿＿＿＿＿＿＿＿＿と 15＿＿＿＿＿＿＿＿＿＿＿＿に提示する

（16＿＿＿＿＿＿＿＿）。

③ 抗原の情報を受け取った 17＿＿＿＿＿＿＿＿＿＿＿が活性化して増殖する。さらに同じ抗

原に反応する 18＿＿＿＿＿＿＿＿＿の増殖を促す。

④ 19＿＿＿＿＿＿＿＿＿が感染部位に移動し，感染細胞を攻撃・破壊する。

⑤ 20＿＿＿＿＿＿＿＿＿も感染部位へ移動し，21＿＿＿＿＿＿＿＿＿を活性化する。活

性化した 22＿＿＿＿＿＿＿＿＿は，感染細胞を食作用によりとり込む。③で増殖したヘ

ルパーT 細胞やキラーT 細胞の一部は，23＿＿＿＿＿＿＿として次回の同じ抗原の侵入に

そなえる。

24＿＿＿＿＿＿＿＿：他人の臓器を移植した際，移植部位が脱落してしまう現象。キラーT 細胞が

移植部位の細胞を異物と認識し，攻撃して排除しようとして起こる。

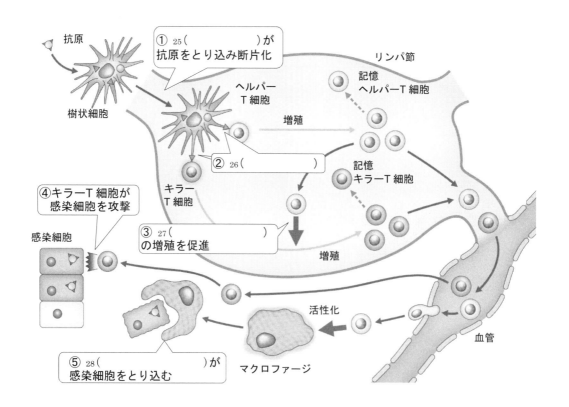

問 18 細胞性免疫のしくみについて，次のキーワードを用いて説明しなさい。（ヘルパーT 細胞，キラーT 細胞）

●Memo●

◆体液性免疫

① 抗原をとり込んだ 29＿＿＿＿＿＿＿＿＿が，とり込んだ抗原を断片化し，リンパ節に移動する。

② 樹状細胞は 30＿＿＿＿＿＿＿＿＿に 31＿＿＿＿＿＿＿＿＿する。

③ 抗原提示によって活性化して増殖したヘルパーT細胞は，同じく抗原提示を受けた

　　32＿＿＿＿＿＿＿＿＿の増殖・分化も促す。

④ B細胞が増殖をくり返して 33＿＿＿＿＿＿＿＿＿(抗体産生細胞)へと分化し，抗体を多量に産

　　生する。

⑤ 抗体が体液によって感染部位へ運ばれ，抗原との 34＿＿＿＿＿＿＿＿＿が起こる。

抗原

樹状細胞

① 35（　　　　　　　）が抗原
をとり込み断片化

リンパ節

記憶
ヘルパーT細胞

ヘルパー
T細胞

増殖

活性化

② 36（　　　　　　　）

記憶
B細胞

形質細胞

③ 37（　　　　　　　）
の増殖・分化を
促進

増殖

分化

④形質細胞が
38（　　　　　）を産生

マクロ
ファージ

⑥マクロファ
ージが抗原と
抗体の複合体
をとり込む

⑤ 39（　　　　　　　）

血管

問 19 体液性免疫のしくみについて，次のキーワードを用いて説明しなさい。(ヘルパーT細胞，B細胞，抗体)

●Memo●

◤ B ◢ 一度かかった感染症にかかりにくいのはなぜ？

40＿＿＿＿＿＿＿＿＿：一度侵入したことのある抗原が

再び体内に侵入したとき，より速くより強い免疫反応

が起こるしくみ。

41＿＿＿＿＿＿＿＿＿：1回目の抗原侵入時の免疫反応。

42＿＿＿＿＿＿＿＿＿：2回目以降の侵入時の免疫反応。

Q ◢ 一度かかった感染症にかかりにくいのはなぜ？

1回目の侵入時に生じた抗原に対して 43＿＿＿＿＿＿＿＿が働くため。

●Memo●

4 免疫と疾患　p.119〜122　　　　月　　　日

検印欄

◤ A ◢ 免疫のしくみはどのように医療へ活用されているか？

◆予防接種

1＿＿＿＿＿＿＿＿＿＿：弱毒化または無毒化した病原体や毒素などを投与し，人為的に免疫記憶を獲得させる方法。

2＿＿＿＿＿＿＿＿＿＿：予防接種のために用いられる抗原。

例）インフルエンザ，麻疹(はしか)，水痘(水ぼうそう)，流行性耳下腺炎(おたふく風邪，風疹(三日はしか)，結核など

◆血清療法

3＿＿＿＿＿＿＿＿＿＿：動物に，少量の病原体や毒素を注射することで 4＿＿＿＿＿＿＿をつくらせ，

その抗体を含む 5＿＿＿＿＿＿＿をヒトに注射して治療を行うこと。

抗体を含む
7(　　　　　)

動物に毒素や病原体
を数回にわたって
注射する。

血液を
抽出する。

抗体を含む
血清を患者に
注射する。

血ぺい

8(　　　　　　　　)により
毒素や病原体が排除される。

動物の体内で 6(　　　)
が大量に産生される。

●Memo●

◢ B ◣ 免疫が害を及ぼすことはあるのだろうか？

◆アレルギー

9＿＿＿＿＿＿＿＿＿＿：免疫が過敏に反応することで，からだが不都合な状態になる症状。アレルギーを引き起こす抗原を総称して 10＿＿＿＿＿＿＿＿＿＿とよぶ。

例）花粉やダニ，ほこりや薬剤，卵や乳製品など

◆アナフィラキシー

11＿＿＿＿＿＿＿＿＿＿＿＿：全身的に複数の器官で起こる急激なアレルギー。このうち，血圧低下を伴う，生死にかかわる重篤な症状を 12＿＿＿＿＿＿＿＿＿＿＿＿＿＿＿＿という。

例）同じ種類のハチの毒にさされた場合

◆自己免疫疾患

13＿＿＿＿＿＿＿＿＿＿：体外から侵入した異物に対して働く免疫が，自身のからだの一部を攻撃することで起こる疾患。

例）関節リウマチ，橋本病，1 型糖尿病

●Memo●

◤ C ◢ 免疫が働かないことはあるのだろうか？

14＿＿＿＿＿＿＿＿＿：免疫のしくみに支障をきたし，生体防御が全体としてうまく働かなくなった状態。

○後天性免疫不全症候群(AIDS，エイズ)

・ 15＿＿＿＿＿＿＿＿＿＿＿＿(HIV)の感染によって起こる病気。

・ HIV は 16＿＿＿＿＿＿＿＿＿に感染し，増殖しながらこれを破壊するため，獲得免疫全体の機能が低下する。AIDS を発病し，免疫の機能が低下すると，健康なときには発症しないような病原体に感染しやすくなる，17＿＿＿＿＿＿＿＿が起こる。

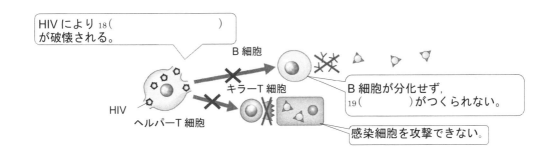

HIV により 18(　　　　　)が破壊される。

B 細胞

キラーT 細胞

HIV

ヘルパーT 細胞

B 細胞が分化せず，19(　　　　　)がつくられない。

感染細胞を攻撃できない。

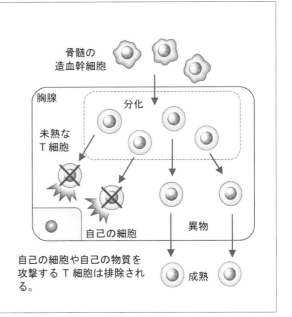

参考　免疫寛容

　免疫機能が働くとき，ふつうは自己の細胞が攻撃されることはない。これは，T 細胞や B 細胞が成熟する過程で，自己を攻撃するものが排除されるためである。これを 20＿＿＿＿＿＿＿という。

　免疫寛容が不完全になると，自己を非自己と誤認し，関節リウマチなどの 21＿＿＿＿＿＿＿を発症する。

骨髄の造血幹細胞

胸腺

分化

未熟な T 細胞

自己の細胞

異物

自己の細胞や自己の物質を攻撃する T 細胞は排除される。

成熟

1 生態系とその成り立ち p.128〜129　　月　　日

検印欄

▶ A ◀ 生物と環境にはどのようなかかわりがあるだろうか？

1_____：ある地域に生息するすべての生物と，それをとり巻く環境。

◆生物をとり巻く環境

2_____：光や温度，大気など生物以外の要素からなる環境。

3_____：同種および異種の生物からなる環境。

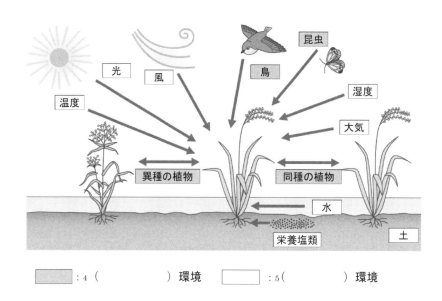

□ : 4 (　　　　　　) 環境　　□ : 5(　　　　　　) 環境

◆作用と環境形成作用

6_____：非生物的環境が生物に影響を与えること。

7_____：生物が非生物的環境に影響を与えること。

Q 生物と環境にはどのようなかかわりがあるだろうか？

・ 生物は，8_____環境と 9_____環境から影響を受けている。

・ 非生物的環境が生物に影響を与えることを作用，生物が非生物的環境に与えることを 10_____という。

◤ B ◢ 生態系において生物にはどのような働きがあるか？

11 _____：光合成などにより，無機物から有機物を合成して生活する生物。

例)植物など

12 _____：生産者がつくり出した有機物を直接または間接的に利用して生活する生物。

例)動物や菌類，細菌など。また，菌類や細菌など，有機物を無機物に分解する消費者は

13 _____ともよばれる。

●Memo●

2 植生とその変化 p.130〜137

月　　日

検印欄

A 植物の集まりにはどのような特徴があるだろうか？

1____________：ある区域に生育する植物の集まり。

◆相観と優占種

2____________：植生の外観。

3______________：植生内で，個体数が多く，占有している空間が最も広い植物。

◆相観による植生の分類

植生は，その相観によって大きく 4____________，5____________，6____________に分けられる。

○森林：幹や根が発達している 7________________が優占する植生。

→高木や低木，草本植物，つる植物などが生育。

○草原：8________________が優占する植生。

9__________________：1年間のうちに種子を生産して枯死する草本植物。

10__________________：地下茎や根などが2年以上生存する草本植物。

○荒原：植物がまばらに生育する植生。

気温が高く降水が少ない地域：乾燥に強いサボテンなどが生育。

気温が極端に低い地域：草本植物，コケ植物や地衣類，木本植物などが生育。

Q 植物の集まりにはどのような特徴があるだろうか？

ある区域に生育する植物の集まりを植生といい，植生はその相観によって

11____________，12____________，13____________**に分けられる。**

◤ B ◢ 植生が変化する要因は何だろうか？

三宅島の植生の変化やその要因について，次の(1)~(4)を考えてみよう。

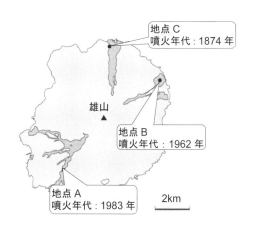

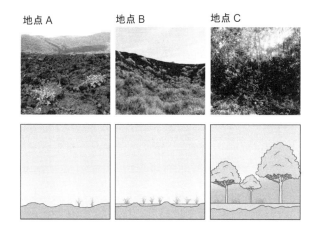

調査項目	地点 A	地点 B	地点 C
噴火年代	約 40 年前	約 60 年前	約 150 年前
植生の特徴	荒原	草原	森林
地表の照度	100%	60%	10%
土壌の厚さ	薄い	やや厚い	非常に厚い
植物の種数	3 種	10 種	40 種

(1) 森林，草原，荒原を植生が変化する順に並べてみよう。

(2) 草本植物と木本植物の生育には，どちらがより厚い土壌が必要と考えられるか。

(3) 植生を構成する植物が生産者であることと，地表の照度の変化を考慮すると，植物の高さが高くなるとどのような点で有利と考えられるか。

(4) 植生の変化をもたらした要因としてどのようなことが考えられるか。

◤C◢ 光は植物や植生にどのような影響を与えているか?

◆植生の階層構造

14＿＿＿＿＿＿＿＿＿：高木や低木などの枝

や葉が層状に分布した構造。

　階層構造が発達した森林では，林冠に高

木層があり，その下に 15＿＿＿＿＿＿＿＿＿，

16＿＿＿＿＿＿＿，17＿＿＿＿＿＿＿，

18＿＿＿＿＿＿＿＿＿などがみられる。

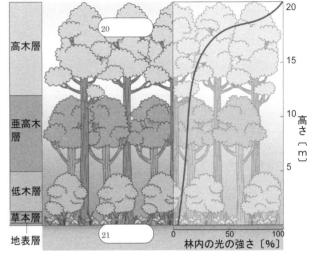

◆階層構造と光

利用できる光は階層が下層になるほど 19＿＿＿＿＿＿＿なっていく。

◆陽生植物と陰生植物

22＿＿＿＿＿＿植物：日なたでよく生育する植物（例：ススキ，イタドリ，タンポポ，アカマツ）。

23＿＿＿＿＿＿植物：林床のような光の弱い環境で生育している植物（例：ベニシダ，アオキ）。

◆光の強さと光合成

CO_2 吸収速度と光の強さの関係を表したものが光−光合成曲線である。

24＿＿＿＿＿＿＿＿＿＿：光合成による CO_2 の吸収速度。

25＿＿＿＿＿＿＿＿：呼吸による CO_2 の放出速度。

26＿＿＿＿＿＿＿＿：光合成速度と呼吸速度が等しくなるときの光の強さ。

27＿＿＿＿＿＿＿＿：光の強さが一定以上になると，光合成速度はそれ以上増加しなくなる。この

ときの光の強さ。

◆陽生植物と陰生植物の光－光合成曲線

・ 陽生植物は，光飽和点が 33（ 高い ・ 低い ）ため，

日なたでの生育に適しているが，光補償点が

34（ 高い ・ 低い ）ため，日陰での生育には適さない。

・ 陰生植物は，光飽和点が低いため日なたでの成長速度は

遅いが，光補償点が低いため，弱い光のもとでの生育に

適している。

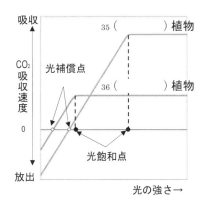

問 **20** 森林の階層構造について，次のキーワードを用いて説明しなさい。（林冠，林床，高木層，地表層）

●Memo●

◤ D ◢ 土壌と植生にはどのようなかかわりがあるだろうか？

植物は土壌中に根を張ってからだを支え，土壌から水分や養分を得て生育する。

◆土壌の成り立ち

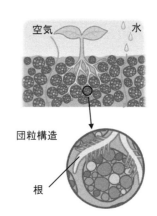

- 土壌は，岩石の風化によってできた 37＿＿＿＿＿＿＿＿と，
  植物の落葉，動物の排出物などが分解されてできた
  38＿＿＿＿＿＿＿＿から形成される。

- 土壌の風化と生物による 39＿＿＿＿＿＿＿＿＿＿によっ
  て，長い時間をかけて形成される。

- 発達した土壌では，40＿＿＿＿＿＿＿＿とよばれる，
  有機物に富み，すきまの多い団子状の構造がみられる。

◆森林の土壌

土壌には地表から①〜④の順に層状の構造がみられる。

① 41（　　　　　　）
② 42（　　　　　　）
③ 43（　　　　　　）

④ 44（　　　　　　）

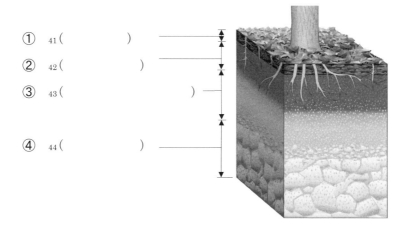

◆植生と土壌

	森林	草原	荒原
有機物が多い	←		
土壌が発達 45（ している ・ していない）	←		
生育する植物	環境に応じた 多様な植物	乾燥に適応した 低木や草本植物	夏季に，草本植物 やコケ植物

●Memo●

3 遷移のしくみ p.138〜142

月　　日

検印欄

◤ A ◢ 植生はどのように移り変わっていくのだろうか?

1＿＿＿＿＿＿＿：植生が年月を重ねる間に移り変わること。

2＿＿＿＿＿＿(3＿＿＿＿＿＿＿＿＿＿＿)：長年にわたって種組成が大きくかわらず，安定した状態となること。

《本州にみられる遷移の例》

① 裸地(火山荒原)に 4＿＿＿＿＿＿＿(パイオニア種)が侵入する。

② 岩石の風化が進み，そこに先駆種の枯死体などが混ざって土壌が形成されてくると，

　　ススキやイタドリなどが徐々に広がり，荒原は 5＿＿＿＿＿＿に移行する。

③ さらに土壌の形成が進み，種子が運ばれて樹木が侵入し，6＿＿＿＿＿＿を形成する。

④ 低木林では落葉・落枝が増えることで土壌がさらに発達し，7＿＿＿＿＿＿を形成する。

⑤ 陽樹林の暗い林床で生育できる 8＿＿＿＿＿＿が侵入し，陽樹の下で成長する。

⑥ 陽樹が倒れると，陽樹の下で生育していた 9＿＿＿＿＿＿が成長し，陽樹と陰樹の

　　10＿＿＿＿＿＿を経て，陰樹が優占する 11＿＿＿＿＿＿が形成される。

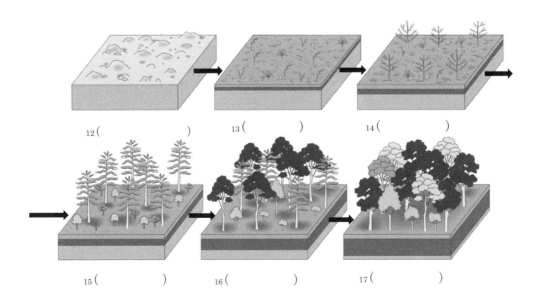

12(　　　　　　)　　13(　　　　　　)　　14(　　　　　　)

15(　　　　　　)　　16(　　　　　　)　　17(　　　　　　)

▰ B ▰ 環境によって遷移のしかたはかわるのだろうか？

◆乾性遷移と湿性遷移

18＿＿＿＿＿＿＿＿＿遷移：陸上における遷移(本冊 p.102【A】参照)。

19＿＿＿＿＿＿＿＿＿遷移：湖沼などから進行する遷移。

① 湖沼において砂や落葉・落枝が堆積し，徐々に水深が浅くなる。浅くなった湖沼には，植物体全体が水中にある，クロモなどの 20＿＿＿＿＿＿＿＿植物が生育するようになる。

② スイレンなどの浮葉植物の侵入で 21＿＿＿＿＿＿＿植物が消え，ヨシなどの 22＿＿＿＿＿＿＿植物が侵入してくる。

③ 23＿＿＿＿＿＿＿＿植物の枯死体の堆積で水深が浅くなり，湿原へと変化する。

④ 湿原はしだいに乾燥して草原となり，その後乾性遷移と同じ過程を経る。

土砂などが堆積してしだいに浅くなり，24が侵入する。

さらに浅くなり，25が侵入する。

ヨシなどの26やスゲ類が出現する。

27へと移行する。

ハンノキなどの樹木が生え始める。

水深が浅くなり，地面が現れるとスゲ類の草原になる。

24＿＿＿＿＿＿＿＿＿

25＿＿＿＿＿＿＿＿＿

26＿＿＿＿＿＿＿＿＿

27＿＿＿＿＿＿＿＿＿

●Memo●

◆一次遷移と二次遷移

28＿＿＿＿＿＿＿遷移：溶岩でおおわれた裸地や，火山活動で生じた湖沼など，生物の存在しないところから始まる遷移。

例）29＿＿＿＿＿＿＿遷移，30＿＿＿＿＿＿＿遷移

31＿＿＿＿＿＿＿遷移：すでに土壌が形成されており，土壌中に種子などが残っているところから始まる遷移。埋土種子の発芽や 32＿＿＿＿＿＿＿により，一次遷移よりも短時間で植生が回復する。

Q 環境によって遷移のしかたはかわるのだろうか？

・ 遷移には，裸地や湖沼など生物が存在しないところから始まる一次遷移と，すでに土壌があるところから始まる二次遷移がある。

・ 二次遷移のほうが短期間で 33＿＿＿＿＿＿＿に達する。

問 **21** 一次遷移と二次遷移について，それぞれ次のキーワードを用いて説明しなさい。

（裸地，土壌，極相林）

●Memo●

◢ C ◣ 極相林はどのように維持されているのだろうか？

◆ギャップ

林冠を構成する高木が，枯死したり台風などで倒れたりすると，林床に光の届く空間が生じる。

このような場所を 34＿＿＿＿＿＿＿＿＿という。

《小さなギャップの場合》

林床にさし込む光が 35＿＿＿＿＿＿＿＿ため，周囲の陰樹が急速に枝を伸ばし，ギャップは埋められ

る。

《大きなギャップの場合》

林床にさし込む光が 36＿＿＿＿＿＿＿ため，さまざまな植物の埋土種子が発芽し，37＿＿＿＿＿＿＿

が起こる。

極相林

小さなギャップ

林床にさし込む光が少ない。

38（　　　　　）の幼木が急速に成長し，
ギャップは埋められる。

大きなギャップ

林床まで多くの光がさし込む。

混交林

陰樹の幼木や先駆種，陽樹の種子
などが発芽・成長し，部分的に
39（　　　　　）となる。

●Memo●

1 **世界のバイオームとその分布** p.144〜145　　　　月　　日　　検印欄

▸ B ◂ 植生を決める要因は何か？

どのような植生が極相となるかは，その場所の 1＿＿＿＿＿＿＿と 2＿＿＿＿＿＿＿が関係している。

気温と降水量がある程度に達していると遷移が進行し，極相は 3＿＿＿＿＿＿となる。

赤道

▸ C ◂ 気温・降水量により植生の分布はどう変化するのか？

4＿＿＿＿＿＿＿＿：一定の相観をもつ植生と，そこに生息するすべての生物の集団。

その分布は，5＿＿＿＿＿＿(年降水量)と気温(年平均気温)などの気象条件に対応する。

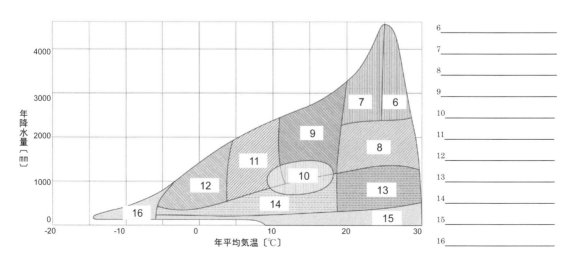

6＿＿＿＿＿＿＿＿＿＿

7＿＿＿＿＿＿＿＿＿＿

8＿＿＿＿＿＿＿＿＿＿

9＿＿＿＿＿＿＿＿＿＿

10＿＿＿＿＿＿＿＿＿

11＿＿＿＿＿＿＿＿＿

12＿＿＿＿＿＿＿＿＿

13＿＿＿＿＿＿＿＿＿

14＿＿＿＿＿＿＿＿＿

15＿＿＿＿＿＿＿＿＿

16＿＿＿＿＿＿＿＿＿

バイオーム	特徴	植物種
17 （　　　　　　）	一年中高温多湿であり，熱帯に分布する。多種多様な常緑広葉樹が優占する。	18 （　　　　　　）， つる植物，ラン類
19 （　　　　　　）	熱帯よりやや気温の低い亜熱帯に分布する。複数の種類の常緑広葉樹が優占する。	
20 （　　　　　　）	雨季と乾季のある熱帯や亜熱帯に分布する。乾季に落葉する落葉広葉樹が優占する。	21 （　　　　　　）， コクタン
22 （　　　　　　）	夏に雨が降り，冬は乾燥する暖温帯に分布する。光沢のある葉をつける常緑広葉樹が優占する。	23 （　　　　　　）， アラカシ
24 （　　　　　　）	冬に雨が降り，夏は乾燥する暖温帯に分布する。小さな硬い葉をつける常緑広葉樹が優占する。	25 （　　　　　　）， コルクガシ，ユーカリ， ゲッケイジュ（ローリエ）
26 （　　　　　　）	冬の寒さが厳しい冷温帯に分布する。秋に落葉する落葉広葉樹が優占する。	27 （　　　　　　）， ミズナラ，カエデ類
28 （　　　　　　）	冬が長く，寒さが厳しい亜寒帯に分布する。耐寒性が強い数種類の針葉樹が優占する。	トウヒ類, モミ類, カラマツ，エゾマツ，トドマツ
29 （　　　　　　）	降水量が少ない熱帯や亜熱帯に分布する。イネの仲間の草本植物が優占し，木本植物が点在する。	イネの仲間， 30 （　　　　　　）類
31 （　　　　　　）	降水量が少ない温帯に分布する。イネの仲間の草本植物が優占する。	イネの仲間
32 （　　　　　　）	極端に乾燥している地域に分布する。乾燥に適応した植物が優占する。	サボテン類（南北アメリカ），トウダイグサ類（アフリカ），イネの仲間
高山帯・33 （　　　　　　）	極端に気温の低い寒帯に分布する。地下には永久凍土の層があり，植物の成長は遅い。	コケ植物，地衣類， イネの仲間

●Memo●

107

2 日本のバイオームとその分布 p.146～150

月　　　日

検印欄

A 日本のバイオームにはどんな特徴があるだろうか？

日本は年降水量が十分に多いので，森林のバイオームが成立する。日本のバイオームは，その種

類と分布が，おもに 1_____ により区分される。

◆水平分布

2_____ 分布：緯度に対応した水平方向のバイオームの分布。日本列島は南北に細長く，

平地では高緯度になるほど気温が 3_____ する。

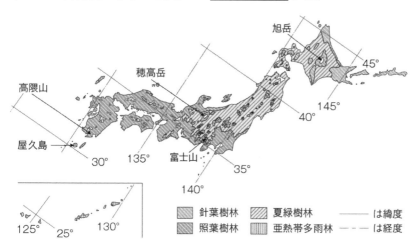

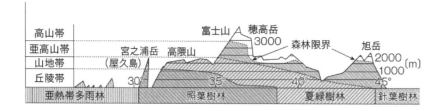

●Memo●

◆垂直分布

4＿＿＿＿＿＿分布：標高に対応した垂直方向のバイオーム分布。

本州中部地方では，下から 5＿＿＿＿＿＿, 6＿＿＿＿＿＿, 7＿＿＿＿＿＿,

8＿＿＿＿＿＿が分布する。9＿＿＿＿＿＿では低温と強風により森林が形成されなくなる。

この森林形成の境目を 10＿＿＿＿＿＿という。

〈 本州中部地方の垂直分布と標高の目安 〉

11＿＿＿＿＿＿：低木（ハイマツ）や地衣類の他，高山植物（コマクサ）が咲く高山草原が広がる。

12＿＿＿＿＿＿：針葉樹林が分布（シラビソ，コメツガ，ダケカンバなど）。植生を構成する種は少ない。

13＿＿＿＿＿＿：夏緑樹林が分布（ブナ，ミズナラ，カエデ類など）。

14＿＿＿＿＿＿：照葉樹林が分布（スダジイ，アラカシ，タブノキなど）。階層構造が発達している。

Q 日本のバイオームにはどんな特徴があるだろうか？

- 緯度に対応した 16＿＿＿＿＿＿と標高に対応した 17＿＿＿＿＿＿がある。
- 水平分布は下から 18＿＿＿＿＿＿, 19＿＿＿＿＿＿, 20＿＿＿＿＿＿, 21＿＿＿＿＿＿が分布する。

●Memo●

◆◆◆Challenge◆◆◆～暖かさの指数～

暖かさの指数：月平均気温が5℃以上の月について，各月の平均気温の数値から5を引いた数値を求め，それを合計したもの。

表a　札幌市のある年の月平均気温

月	1	2	3	4	5	6	7	8	9	10	11	12
平均気温	−4.1	−3.5	−0.1	6.7	12.1	16.3	20.5	22.0	17.6	11.3	4.6	−1.0

表b　暖かさの指数と日本のバイオーム

暖かさの指数	バイオーム
180～240	亜熱帯多雨林
85～180	照葉樹林
45～85	夏緑樹林
15～45	針葉樹林

▶課題

（1）表aから，札幌市の暖かさの指数を求めよ。また，暖かさの指数と表bをもとに，札幌市のバイオームを答えよ

札幌市の暖かさの指数

札幌市のバイオーム

(2) インターネットなどで，自分が生活する地域の月平均気温を調べ，暖かさの指数を計算し，バイオームを推察してみよう。

110

●Memo●

111

1 生物の多様性 p.152〜154

月　　日

検印欄

▶ A ◀ 身近な生態系にどのような生物が生息しているか？

参考 踏みつけと植物の生育形

1_____：地上部の生育形態の外形的特徴。

2_____型：他の植物などに巻き付くように茎を伸ばして成長する。

3_____型：まっすぐ上に向かって茎を伸ばす。

4_____型：1 つの根から多くの枝や葉が出る。

5_____型：葉が中心から放射状に広がる。

6_____型：葉や茎が地面に徐々に広がる。

| つる型 | 直立型 | くさむら型 | ロゼット型 | ほふく型 |

ヒルガオなど　ヨモギなど　ススキなど　タンポポなど　ユキノシタなど

強 ◀ ──────── 光の要求性 ──────── ▶ 弱

弱 ◀ ──────── 高頻度の踏みつけ ──────── ▶ 強

▶ B ◀ 身近な生態系の土壌動物から何がわかるか？

教科書 p.154 図 2 について，A と B ではどちらの方がより多様といえるだろうか。

考えてみよう

◆生物の多様性

7_____：多様な種が存在すること。種数の多さだけでなく，それぞれの種の個体数

のかたよりの少なさでも評価される。

●Memo●

113

2 生物どうしのつながり p.155〜158　月　日

A 生態系内の生物はどうかかわり合っているのか？

1＿＿＿＿＿＿＿：ある生物が他の生物を食べること。

2＿＿＿＿＿＿＿：ある生物が他の生物に食べられること。

3＿＿＿＿＿＿＿＿：食べる・食べられるの関係において食べる側の生物。

4＿＿＿＿＿＿＿＿：食べる・食べられるの関係において食べられる側の生物。

◆周期的変化

捕食者と被食者の個体数は 5＿＿＿＿＿＿＿＿＿に変動する。

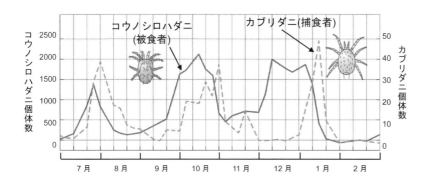

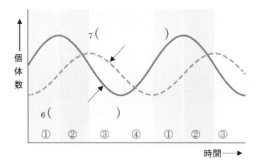

●Memo●

▰ B ▰ 捕食によるつながりはどうとらえられるか？

8＿＿＿＿＿＿＿＿＿＿：生態系の生物を，被食－捕食の関係で直線的につないだもの。

9＿＿＿＿＿＿＿＿＿＿：食物連鎖のそれぞれの段階（生産者，一次消費者，二次消費者など）。

自然界では1種類の生物が2種類以上の生物を捕食するなどするため，実際の

10＿＿＿＿＿＿＿＿＿＿は網目状に複雑にからみ合う。この関係を 11＿＿＿＿＿＿＿＿という。

◆生態ピラミッド

12＿＿＿＿＿＿＿＿＿＿＿＿＿：個体数や現存量を栄養段

階ごとに生産者から順に積み重ねたもの。

13＿＿＿＿＿＿＿＿＿＿＿＿＿：個体数に着目した生態

ピラミッド。

14＿＿＿＿＿＿＿＿＿＿＿＿＿：現存量に着目した生態

ピラミッド。

個体数ピラミッド
（北米の草原生態系）
単位：個体/km²

三次消費者	740
二次消費者	0.88×10^8
一次消費者	1.75×10^8
生産者（緑色植物）	14.43×10^8

現存量ピラミッド
単位：kg/km²

三次消費者	1500
二次消費者	11000
一次消費者	37000
生産者（水草・藻類）	809000

●Memo●

115

■ C ■ 高次消費者を生態系から除くとどうなるか？

15_____：比較的少ない個体数であっても，生態系のバランスや多様性を保つの
に重要な役割をはたす上位の捕食者のこと。

16_____：直接的に捕食－被食の関係にない生物種の間でも，間接的に影響が及ぶこ
と。

◆キーストーン種

① ヒトデの除去。

② ヒトデに捕食されなくなったイガイが爆発的に
   増殖。

③ 増殖したイガイが岩場をおおい，生活の場が失わ
   れた藻類が減少。

④ 藻類を捕食していたヒザラガイが，藻類が存在
   している岩場に移動し，減少。

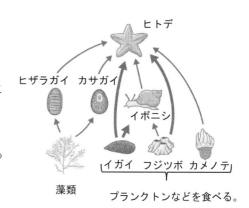

→このときの 17_____は，生態系のバランスや多様性に影響を与えた上位の捕食者で
あり，キーストーン種であるといえる。

◆間接効果

① ある大型魚類が増加する。

② 捕食される小型魚類が減少する。

③ 小型魚類の減少に伴って，動物プランクトンが
   増加する。

④ それに捕食される植物プランクトンが減少する。

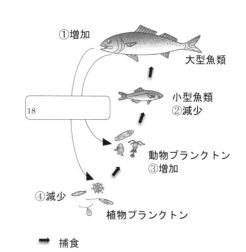

→大型魚類は動物プランクトンや植物プランクトンを直接捕食しないが，食物連鎖を通じて間
接的に影響を及ぼした。

●Memo●

生態系のバランス p.160〜161   月　日

検印欄

◤ A ◢ 生態系のバランスはどのように保たれているのだろうか？

◆河川の復元力

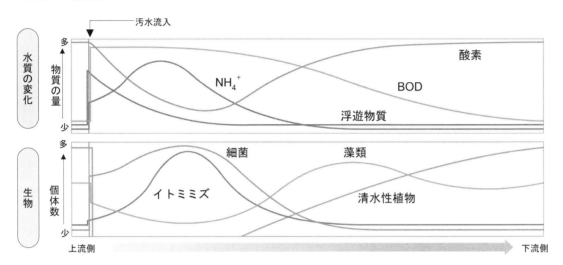

① 河川に生活排水などの汚水(有機物や浮遊物質を含む)が流入する。

② 有機物が流れにしたがって希釈されたり，沈殿・吸着される。また，細菌とイトミミズなどにより有機物と浮遊物質は酸素を利用して分解される。

③ 分解によって増加した NH_4^+ を吸収して 1＿＿＿＿＿＿＿＿が増加し，2＿＿＿＿＿＿＿＿を行って酸素を水中に放出する。

◆自然浄化

3＿＿＿＿＿＿＿＿＿：河川の水質が悪化しても，有機物などが希釈されたり沈殿したりし，また細菌などにより分解されるなどして，もとのきれいな状態に戻る働き。

4＿＿＿＿＿＿＿＿：生態系の全体やその一部を破壊して変化させるような外部的な要因。

◆生態系の変化

《小規模なかく乱（例：山火事）》→5＿＿＿＿＿＿＿＿が進行して再び森林が形成される。

《大規模なかく乱（例：火山噴火や過剰な焼き畑）》→生態系はそれまでのバランスを保てなくなり，新たな生態系へと移行する。

◆◆◆Challenge◆◆◆ ～復元力をこえた汚染～

　右図は，湖沼に流れ込む川の流域の人口と下水道処理人口，COD の汚濁負荷量，水生植物の種類数の年変化を示している。

これらのことから次のことを考察してみよう。

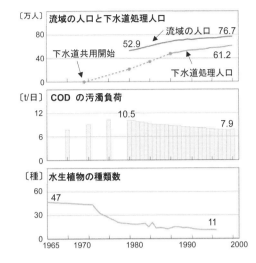

▶課題

(1) 1965 年から，水生植物の種類数はどのような変化をしているか。

（解答欄）

(2) 流域人口の増加にかかわらず，COD が上昇しない理由にどのようなことが考えられるか。

（解答欄）

●Memo●

▶2 人間生活による環境への影響 p.162〜165　　月　　日

▶ A ▶ 人間生活による水質への影響にはどのようなものがあるか？

◆富栄養化

1＿＿＿＿＿＿＿＿＿＿：湖沼・河川へ土砂や落葉・落枝などが流入し，栄養塩類の濃度が高くなって

いく現象。富栄養化が進むと，2＿＿＿＿＿＿＿＿＿＿＿＿＿が増加し，それを食べる動物プランク

トンや魚介類も多くすめるようになる。

○富栄養化が急速に進行した場合に起こる現象

3＿＿＿＿＿＿＿＿（アオコ）：特定のプランクトンが増殖し，水面が青緑色になる現象。

4＿＿＿＿＿＿＿：特定のプランクトンが増殖し，水面が赤色になる現象。

→その結果，5＿＿＿＿＿＿＿の欠乏や分解されない有機物量の増加による水質の汚濁などで，

魚介類の生活がむずかしくなる。

◆生物濃縮

6＿＿＿＿＿＿＿＿＿：特定の物質が，まわりの環境より高い濃度で生物の体内に蓄積する現象。

物質には体内で分解されにくく，また体外に排出されにくい性質がある。

7＿＿＿＿＿＿＿：農薬として大量に散布されていたが，生物濃縮が起こる物質であることがわかり，

問題となった。

◆水質の保全

日本では水質の保全のためにさまざまなとり組みが行われている。

・　排水の規制や汚水処理施設の整備

・　栄養塩類を吸収する水生植物の植栽

・　干潟の保全や人工干潟の造成による水生生物の生育の場の保護

▰ B ▰　大気への影響にはどのようなものがあるか?

◆地球温暖化

8＿＿＿＿＿＿＿＿＿＿＿: 地球全体の平均気温が長期的に上昇する現象。

9＿＿＿＿＿＿＿＿＿＿: 二酸化炭素が地球表面から放射される熱を吸収し, 一部を地表に戻すことで,
気温が上昇する現象。

10＿＿＿＿＿＿＿＿＿＿: 温室効果をもつ気体。

例)二酸化炭素, 窒素酸化物, メタン, フロンガス類

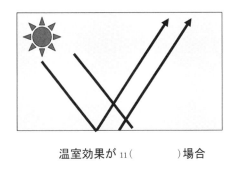

温室効果が 11(　　　　　)場合

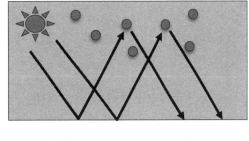

温室効果が 12(　　　　　)場合

◆酸性雨

・　　pH が 13＿＿＿＿＿＿未満の降水のこと。

・　　大気中の 14＿＿＿＿＿＿＿や 15＿＿＿＿＿＿＿＿＿が雨水にとけることによる。

▰ C ▰　森林への影響にはどのようなものがあるか?

◆森林破壊の影響と保全

森林が伐採されると, 生物の 16＿＿＿＿＿や大気中の 17＿＿＿＿＿＿＿＿＿＿の増加など,
さまざまな影響が生じる。森林の破壊を防ぎ保全するためには, 今ある天然林の保護や植林など
が保全方法の一つとしてあげられる。

●Memo●
....
....
....
....

◣3 生物多様性への影響と生態系の保全 p.166〜170

月　日

検印欄

◤A◥ 生物多様性の低下は生態系にどう影響するか？

1＿＿＿＿＿＿＿：ある生物種の全個体が死に絶えること。

◆乱獲

2＿＿＿＿＿＿＿：野生生物を，自然に増える速度をこえて過剰に捕獲すること。

◆外来生物

生物	区分
フイリマングース	緊急対策外来種
ヒアリ	侵入予防外来種
タイワンザル	緊急対策外来種
オオクチバス	緊急対策外来種
アレチウリ	緊急対策外来種
ガビチョウ	重点対策外来種
コマツヨイグサ	重点対策外来種

3＿＿＿＿＿＿＿＿：人間の活動に伴って本来の分布域から移入され，定着した生物。

4＿＿＿＿＿＿＿＿：もとから生息していた生物。

5＿＿＿＿＿＿＿＿＿＿：外来生物の中で，地域の生態系に大きな影響を与え，生物多様性を 6＿＿＿＿＿＿＿させる可能性のあるもの。

◆絶滅危惧種

生物	区分
ニホンオオカミ	絶滅
オリヅルスミレ	野生絶滅
ツシマヤマネコ	絶滅危惧ⅠA 類
トキ	絶滅危惧ⅠA 類
アカウミガメ	絶滅危惧ⅠB 類
エゾハコベメ	絶滅危惧ⅠB 類
アホウドリ	絶滅危惧Ⅱ類

7＿＿＿＿＿＿＿＿：絶滅が心配される生物種。

8＿＿＿＿＿＿＿＿＿：絶滅危惧種を具体的に指定し，絶滅の危険度に応じてランク付けしたリスト。

問 22 外来生物の問題について，次のキーワードを用いて説明しなさい。（在来生物，生物多様性，外来生物法）

◤ B ◢　生物多様性を維持するためには？

◆緑の回廊

生態系が分断されると野生生物は生息範囲がせばめられるなどの不利益を 被 (こうむ) る。分断された野生

生物の生息地の間をつなぎ，動物の移動を可能とすることで生物多様性を確保するための植生や

水域の連なりを 9＿＿＿＿＿＿＿＿という。

◤ C ◢　生態系の保全はなぜ必要なのか？

◆生態系サービス

10＿＿＿＿＿＿＿＿＿＿＿：人間生活において，生態系から受ける恩恵。

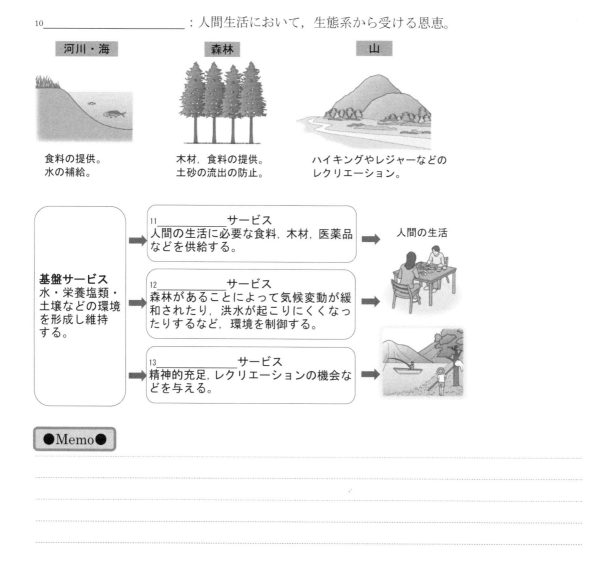

河川・海	森林	山
食料の提供。水の補給。	木材，食料の提供。土砂の流出の防止。	ハイキングやレジャーなどのレクリエーション。

基盤サービス
水・栄養塩類・土壌などの環境を形成し維持する。

11＿＿＿＿＿サービス
人間の生活に必要な食料，木材，医薬品などを供給する。

12＿＿＿＿＿サービス
森林があることによって気候変動が緩和されたり，洪水が起こりにくくなったりするなど，環境を制御する。

13＿＿＿＿＿サービス
精神的充足，レクリエーションの機会などを与える。

人間の生活

●Memo●

D 環境保全のあり方をどう考えるか？

14＿＿＿＿＿＿＿＿＿＿: 将来の世代の欲求をそこなわず，現在の世代の欲求も満たす節度ある開発。

15＿＿＿＿＿＿＿＿＿＿(環境アセスメント) : 開発をする際，開発の影響で生態系のバランスをそこなう恐れがないか検討すること。

◆循環型社会

循環型社会の実現には，廃棄物の発生を極力おさえること，廃棄物をそのまま再使用したり，資源として再利用したりすることなど，天然資源の消費を可能な限り抑制していく必要がある。

◆里山

継続的な 16＿＿＿＿＿＿＿によって維持され，循環型の農業が営まれる。

さまざまな生物に食料や生息場所，繁殖場所を提供し，17＿＿＿＿＿＿＿＿の高い生態系となっている。

●Memo●

生物基礎　ふり返りシート

　各単元の学習を通して，学習内容に対して，どのくらい理解できたか，どのくらい粘り強く学習に取り組めたか，○をつけてふり返ってみよう。また，学習を終えて，さらに理解を深めたいことや興味をもったこと，学習のすすめ方で工夫していきたいことなどを書いてみよう。

●1章1節1項　多様性・共通性とその由来（p.2）

○学習の理解度	○粘り強く取り組めたか	確認欄
できなかった　　　　できた **1　2　3　4　5**	できなかった　　　　できた **1　2　3　4　5**	

○学習後,さらに理解を深めたいことや興味をもったこと

●1章1節2項　細胞（p.5）

○学習の理解度	○粘り強く取り組めたか	確認欄
できなかった　　　　できた **1　2　3　4　5**	できなかった　　　　できた **1　2　3　4　5**	

○学習後,さらに理解を深めたいことや興味をもったこと

●1章2節1項　生命活動とエネルギーの獲得（p.12）

○学習の理解度	○粘り強く取り組めたか	確認欄
できなかった　　　　できた **1　2　3　4　5**	できなかった　　　　できた **1　2　3　4　5**	

○学習後,さらに理解を深めたいことや興味をもったこと

●1章2節2項　酵素と代謝（p.16）

○学習の理解度	○粘り強く取り組めたか	確認欄
できなかった　　　　できた **1　2　3　4　5**	できなかった　　　　できた **1　2　3　4　5**	

○学習後,さらに理解を深めたいことや興味をもったこと

●1章2節3項　光合成と呼吸（p.18）

○学習の理解度	○粘り強く取り組めたか	確認欄
できなかった　　　　できた **1　2　3　4　5**	できなかった　　　　できた **1　2　3　4　5**	

○学習後,さらに理解を深めたいことや興味をもったこと

●2章1節1項　遺伝子の本体（p.24）

○学習の理解度	○粘り強く取り組めたか	確認欄
できなかった　　　　できた **1　2　3　4　5**	できなかった　　　　できた **1　2　3　4　5**	

○学習後,さらに理解を深めたいことや興味をもったこと

●2章1節2項　DNA の構造（p.28）

○学習の理解度	○粘り強く取り組めたか	確認欄
できなかった　　　　できた **1　2　3　4　5**	できなかった　　　　できた **1　2　3　4　5**	

○学習後,さらに理解を深めたいことや興味をもったこと

●2章1節3項　DNA の複製と分配（p.32）

○学習の理解度	○粘り強く取り組めたか	確認欄
できなかった　　　　できた **1　2　3　4　5**	できなかった　　　　できた **1　2　3　4　5**	

○学習後,さらに理解を深めたいことや興味をもったこと

●2章2節1項　遺伝子とタンパク質（p.38）

○学習の理解度	○粘り強く取り組めたか	確認欄
できなかった　　　　できた **1　2　3　4　5**	できなかった　　　　できた **1　2　3　4　5**	

○学習後,さらに理解を深めたいことや興味をもったこと

●2章2節2項　タンパク質の合成（p.40）

○学習の理解度	○粘り強く取り組めたか	確認欄
できなかった　　　　できた **1　2　3　4　5**	できなかった　　　　できた **1　2　3　4　5**	

○学習後,さらに理解を深めたいことや興味をもったこと

● 2章2節3項　遺伝子の発現（p.48）

○学習の理解度	○粘り強く取り組めたか	確認欄
できなかった　　　　できた 1　2　3　4　5	できなかった　　　　できた 1　2　3　4　5	

○学習後,さらに理解を深めたいことや興味をもったこと

● 2章2節4項　ゲノムと遺伝子（p.50）

○学習の理解度	○粘り強く取り組めたか	確認欄
できなかった　　　　できた 1　2　3　4　5	できなかった　　　　できた 1　2　3　4　5	

○学習後,さらに理解を深めたいことや興味をもったこと

● 3章1節1項　体内環境と恒常性（p.52）

○学習の理解度	○粘り強く取り組めたか	確認欄
できなかった　　　　できた 1　2　3　4　5	できなかった　　　　できた 1　2　3　4　5	

○学習後,さらに理解を深めたいことや興味をもったこと

● 3章1節2項　体液とその働き（p.54）

○学習の理解度	○粘り強く取り組めたか	確認欄
できなかった　　　　できた 1　2　3　4　5	できなかった　　　　できた 1　2　3　4　5	

○学習後,さらに理解を深めたいことや興味をもったこと

● 3章1節3項　体液の調節（p.60）

○学習の理解度	○粘り強く取り組めたか	確認欄
できなかった　　　　できた 1　2　3　4　5	できなかった　　　　できた 1　2　3　4　5	

○学習後,さらに理解を深めたいことや興味をもったこと

● 3章2節1項　情報の伝達（p.64）

○学習の理解度	○粘り強く取り組めたか	確認欄
できなかった　　　　できた 1　2　3　4　5	できなかった　　　　できた 1　2　3　4　5	

○学習後,さらに理解を深めたいことや興味をもったこと

● 3章2節2項　自律神経系による情報伝達と調節（p.66）

○学習の理解度	○粘り強く取り組めたか	確認欄
できなかった　　　　できた 1　2　3　4　5	できなかった　　　　できた 1　2　3　4　5	

○学習後,さらに理解を深めたいことや興味をもったこと

● 3章2節3項　内分泌系による情報伝達と調節（p.70）

○学習の理解度	○粘り強く取り組めたか	確認欄
できなかった　　　　できた 1　2　3　4　5	できなかった　　　　できた 1　2　3　4　5	

○学習後,さらに理解を深めたいことや興味をもったこと

● 3章2節4項　内分泌系と自律神経系による調節（p.74）

○学習の理解度	○粘り強く取り組めたか	確認欄
できなかった　　　　できた 1　2　3　4　5	できなかった　　　　できた 1　2　3　4　5	

○学習後,さらに理解を深めたいことや興味をもったこと

● 3章3節1項　生体防御と免疫（p.80）

○学習の理解度	○粘り強く取り組めたか	確認欄
できなかった　　　　できた 1　2　3　4　5	できなかった　　　　できた 1　2　3　4　5	

○学習後,さらに理解を深めたいことや興味をもったこと

● 3章3節2項　自然免疫のしくみ（p.83）

○学習の理解度	○粘り強く取り組めたか	確認欄
できなかった　　　　できた 1　2　3　4　5	できなかった　　　　できた 1　2　3　4　5	

○学習後,さらに理解を深めたいことや興味をもったこと

● 3章3節3項　獲得免疫のしくみ（p.85）

○学習の理解度	○粘り強く取り組めたか	確認欄
できなかった　　　　できた 1　2　3　4　5	できなかった　　　　できた 1　2　3　4　5	

○学習後,さらに理解を深めたいことや興味をもったこと

● 3章3節4項　免疫と疾患 (p.91)

○学習の理解度	○粘り強く取り組めたか	確認欄
できなかった　　　　できた 1　2　3　4　5	できなかった　　　　できた 1　2　3　4　5	

○学習後, さらに理解を深めたいことや興味をもったこと

● 4章1節1項　生態系とその成り立ち (p.94)

○学習の理解度	○粘り強く取り組めたか	確認欄
できなかった　　　　できた 1　2　3　4　5	できなかった　　　　できた 1　2　3　4　5	

○学習後, さらに理解を深めたいことや興味をもったこと

● 4章1節2項　植生とその変化 (p.96)

○学習の理解度	○粘り強く取り組めたか	確認欄
できなかった　　　　できた 1　2　3　4　5	できなかった　　　　できた 1　2　3　4　5	

○学習後, さらに理解を深めたいことや興味をもったこと

● 4章1節3項　遷移のしくみ (p.102)

○学習の理解度	○粘り強く取り組めたか	確認欄
できなかった　　　　できた 1　2　3　4　5	できなかった　　　　できた 1　2　3　4　5	

○学習後, さらに理解を深めたいことや興味をもったこと

● 4章2節1項　世界のバイオームとその分布 (p.106)

○学習の理解度	○粘り強く取り組めたか	確認欄
できなかった　　　　できた 1　2　3　4　5	できなかった　　　　できた 1　2　3　4　5	

○学習後, さらに理解を深めたいことや興味をもったこと

● 4章2節2項　日本のバイオームとその分布 (p.108)

○学習の理解度	○粘り強く取り組めたか	確認欄
できなかった　　　　できた 1　2　3　4　5	できなかった　　　　できた 1　2　3　4　5	

○学習後, さらに理解を深めたいことや興味をもったこと

● 4章3節1項　生物の多様性 (p.112)

○学習の理解度	○粘り強く取り組めたか	確認欄
できなかった　　　　できた 1　2　3　4　5	できなかった　　　　できた 1　2　3　4　5	

○学習後, さらに理解を深めたいことや興味をもったこと

● 4章3節2項　生物どうしのつながり (p.114)

○学習の理解度	○粘り強く取り組めたか	確認欄
できなかった　　　　できた 1　2　3　4　5	できなかった　　　　できた 1　2　3　4　5	

○学習後, さらに理解を深めたいことや興味をもったこと

● 4章4節1項　生態系のバランス (p.118)

○学習の理解度	○粘り強く取り組めたか	確認欄
できなかった　　　　できた 1　2　3　4　5	できなかった　　　　できた 1　2　3　4　5	

○学習後, さらに理解を深めたいことや興味をもったこと

● 4章4節2項　人間生活による環境への影響 (p.120)

○学習の理解度	○粘り強く取り組めたか	確認欄
できなかった　　　　できた 1　2　3　4　5	できなかった　　　　できた 1　2　3　4　5	

○学習後, さらに理解を深めたいことや興味をもったこと

● 4章4節3項　生物多様性への影響と生態系の保全 (p.122)

○学習の理解度	○粘り強く取り組めたか	確認欄
できなかった　　　　できた 1　2　3　4　5	できなかった　　　　できた 1　2　3　4　5	

○学習後, さらに理解を深めたいことや興味をもったこと